后摩尔时代集成电路
新型互连技术

赵文生　王高峰　尹文言　著

科学出版社

北 京

内 容 简 介

　　本书针对后摩尔时代集成电路中的互连难题,集中讨论基于碳纳米材料的片上互连技术和三维集成电路的硅通孔技术。书中简单介绍集成电路互连技术的发展和后摩尔时代集成电路所面临的互连极限难题,重点讨论碳纳米管、石墨烯互连线以及硅通孔互连的一些关键科学问题,包括碳纳米互连的参数提取和电路模型、硅通孔的电磁建模、新型硅通孔结构、碳纳米管以及铜-碳纳米管混合硅通孔互连线等。

　　本书可供从事集成电路设计的相关技术人员参考,也可供高等学校微电子专业研究生和高年级本科生阅读。

图书在版编目(CIP)数据

后摩尔时代集成电路新型互连技术/赵文生,王高峰,尹文言著. —北京:
科学出版社,2017.9
　ISBN 978-7-03-053418-7

　Ⅰ.①后…　Ⅱ.①赵…　②王…　③尹…　Ⅲ.①集成电路-联接　Ⅳ.①TN405

中国版本图书馆 CIP 数据核字(2017)第 126108 号

责任编辑:朱英彪 / 责任校对:桂伟利
责任印制:张　伟 / 封面设计:蓝正设计

科 学 出 版 社 出版
北京东黄城根北街 16 号
邮政编码:100717
http://www.sciencep.com

北京凌奇印刷有限责任公司 印刷
科学出版社发行　各地新华书店经销

*

2017 年 9 月第　一　版　　开本:720×1000　B5
2021 年 1 月第五次印刷　　印张:14 1/2
字数:289 000

定价:98.00 元
(如有印装质量问题,我社负责调换)

前　言

摩尔定律于 1965 年被提出,在接下来的 50 多年中,一直卓有成效地指引着半导体产业向实现更低的成本、更大的市场和更高的经济效益等方向前进。然而,随着半导体技术逐渐逼近硅工艺尺寸极限,摩尔定律行将失效,这一观点在 2015 年发布的国际半导体技术发展路线图中也得到了肯定。甚至有研究者认为,摩尔定律在 28 nm 制程节点已然停止,之后的晶体管虽然仍可做得更小,但已失去了成本优势。总之,集成电路已经进入"后摩尔时代",我们面临着新的技术难题,也迎来了新的发展机会。互连极限难题正是后摩尔时代集成电路面临的核心问题之一。随着集成电路特征尺寸的不断缩小,片上互连的电阻率受边缘散射等因素的影响急剧增大,这严重地威胁到集成电路的性能和可靠性。针对这一难题,研究人员不断探索,通过引入新型材料、改进工艺等方法来缓解互连瓶颈。

本书共 8 章,主要介绍一些后摩尔时代集成电路的新型互连技术,着重讨论基于碳纳米材料的片上互连和三维集成电路的硅通孔技术。第 1 章概述半导体技术的发展和面临的挑战,介绍超导互连、光互连等一些新型互连技术。第 2 章介绍传统片上互连的结构、工艺方法和一些关键性能指标,以及基本的互连模型和相应的参数(电阻、电感和电容)提取技术,在此基础上讨论互连线优化设计方法(如缓冲器插入等),指出传统片上互连所面临的问题。第 3 章和第 4 章讨论基于碳纳米材料的片上互连结构,首先从二维石墨烯的结构出发,推导得到一维碳纳米材料的电学特性。在此基础上对碳纳米管互连(包括单壁碳纳米管束、多壁碳纳米管和混合碳纳米管等)和石墨烯互连展开建模研究,比较碳纳米互连与铜互连在不同制程节点的延迟和功耗。进一步地,介绍了新型铜-碳纳米管混合互连和铜-石墨烯互连。第 5 章介绍片上互连在射频和微波/毫米波电路中的应用,以及片上互连传输高频信号时的各种损耗机理,给出片上单端互连和耦合互连的等效电路模型及参数提取技术。第 6 章介绍不同形式的三维集成技术及其研究进展,着重讨论三维集成电路中的关键技术——硅通孔。第 7 章给出硅通孔的电路模型,介绍差分硅通孔、同轴硅通孔等新型硅通孔技术,分析浮硅衬底对硅通孔电学特性的影响。第 8 章详细介绍了基于碳纳米管的硅通孔,结合水平石墨烯互连,构造全碳三维互连的概念,并分析了全碳三维互连的电学特性和电热响应。

本书的出版得到杭州电子科技大学的"电子科学与技术"浙江省一流学科(A类)的资助。部分内容来自国家自然科学基金(61411136003、61431014、60788402、61171037、61504033)和浙江省自然科学基金(LZ14F040001、LQ14F010010)的研究成果。所涉及的新型互连技术的相关研究,均已在 IEEE 会刊等国际期刊上发表,可供读者参考。

感谢参与相关课题研究的合作者和研究生们,没有他们的技术见解和辛勤工作,本书将大为失色。此外,为增强联系性、逻辑性和可读性,在撰写本书过程中引用了多位同行的研究工作,感谢他们对行业发展做出的卓越贡献。

限于作者水平,书中不妥之处在所难免,敬请广大读者批评、指正。

作　者

2017 年 2 月

目　　录

第1章 引　言

1.1　概　述

摩尔定律自 1965 年被提出后,一直卓有成效地指引着半导体产业向实现更低的成本、更大的市场和更高的经济效益等方向前进[1,2]。摩尔定律指出,"半导体芯片上集成的晶体管数目每 18~24 个月翻一番,性能提升一倍",在过去的 50 多年中半导体产业严格按照摩尔定律所预测的路线前进。同样,个人计算机的三大要素(微处理器芯片、半导体存储器和系统软件)也遵循着这一趋势在发展[3,4]。实际上,摩尔定律并非数学或物理定律,而是对半导体行业发展的分析和预测,在成本与风险之间进行折中,从而得到最为合适的晶体管制程发展速度,遵从摩尔定律也是芯片制造商有意而为之的。

图 1.1 所示为传统平面 CMOS 场效应管、超薄体 SOI(silicon-on-insulator,绝缘体上硅)场效应管和鳍式场效应管(fin field effect transistor,FinFET)。在受摩

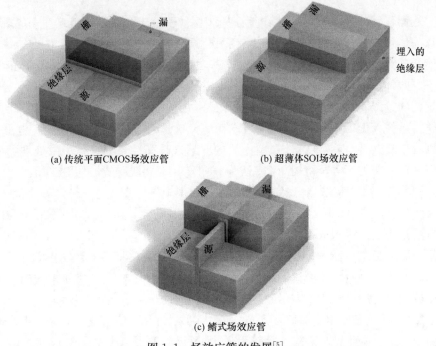

(a) 传统平面CMOS场效应管　　(b) 超薄体SOI场效应管

(c) 鳍式场效应管

图 1.1　场效应管的发展[5]

尔定律驱动缩小晶体管特征尺寸的同时,晶体管的性能随之改善,因此电子产品性能也得到快速提升,这带动了电子市场的迅猛增长(典型的例子就是个人计算机和手机产品[6])。为了使摩尔定律继续向前推进,新结构、新材料和新工艺不断地被引入互补式金属-氧化物-半导体(complementary metal-oxide-semiconductor,CMOS)技术中[5],如图1.2所示。特别地,美国英特尔公司于2011年5月发布鳍式场效应管[7],有效地在22nm制程节点延续了摩尔定律。鳍式晶体管将平面栅极变成立体栅极,在鳍状沟道的三面均提供电流控制通道,使晶体管在开启状态下能通过更多的电流,而在关闭状态下减小漏电的概率[8]。

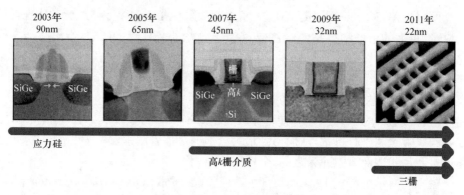

图1.2　英特尔公司发布的晶体管创新技术发展图[7]

然而,随着特征尺寸逐渐接近物理极限,量子效应和统计涨落产生显著影响,导致晶体管特性难以控制。例如,当栅氧化层只有几个原子层厚时,电子有一定概率能跃迁穿过绝缘层而形成漏电流,静态功耗显著增加,严重影响系统的正常工作[9]。此外,大量晶体管进行开关操作时热量会急剧攀升,足以烧毁元件本身[10]。更重要的是,随着特征尺寸的缩小,芯片成本快速上涨,达到某一制程节点时即便能够将晶体管做得更小,也丧失了成本优势。这是因为在先进制程中,工艺和设计规则过于复杂,使得芯片设计和制作的成本越来越高。当继续缩小微处理器中晶体管的尺寸变得不再经济时,可以认为摩尔定律行将失效[11]。更有学者认为,摩尔定律在28nm制程节点已然失效,只有少数半导体厂商会追求继续缩小晶体管,而大多数仍将采用28nm甚至更早的制程节点设计芯片。在2015年,国际半导体技术发展路线图(international technology roadmap for semiconductors,ITRS)——也是最后一版路线图——显示晶体管的尺寸可能在未来五年后停止缩小[12],如图1.3所示。这些现象都说明摩尔定律将于2021年失效,这与摩尔本人的预测较为接近(摩尔曾在2007年表示摩尔定律将在未来10~15年后失效)。

然而,即便是摩尔定律已步入黄昏的"后摩尔时代",信息技术前进的步伐也不会变慢。半导体业界对未来还是较为乐观,且已经有了部分规划。正如美国加利

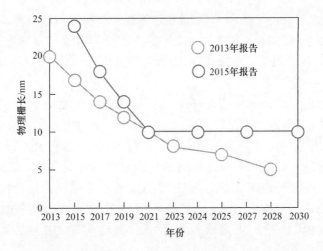

图 1.3　2013 年和 2015 年版国际半导体技术发展路线图对物理栅长的预测[12]

福尼亚大学伯克利分校胡正明教授于 2016 年所指出的,"晶体管尺寸的减小是一个有终点的游戏,但这并不意味着半导体产业及在此之上的高科技产业的终结,半导体产业还将有百余年的盛世,部分原因是没有替代品,以及世界需要半导体产业"。国际半导体技术发展路线图中,已针对半导体产业近期和远期的挑战提出了两种发展方式[12-14],如图 1.4 所示。

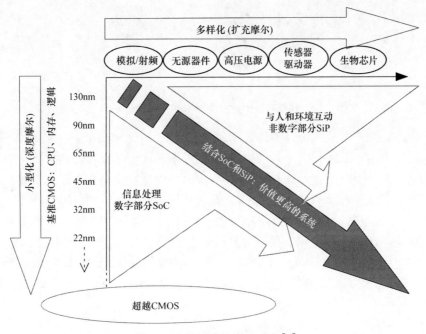

图 1.4　深度摩尔与扩充摩尔[12]

（1）深度摩尔（more Moore）：继续按照摩尔定律按比例缩小的方向前进，专注于硅基 CMOS 技术。在深度摩尔的未来更要致力于超越 CMOS 技术，研发一些低能耗、高性能的新型信息处理器件，如隧穿场效应管[15-17]、自旋场效应管[18,19]和基于纳米材料的晶体管[20-22]等。

（2）扩充摩尔（more than Moore）：在产品多功能化（如功耗、带宽等）的需求下将硅基与非硅基技术结合起来，以应用需求为驱动，注重多重创新（如传感器[23,24]、无线能量传输[25-27]等），如图 1.5 所示。扩充摩尔还着重发展封装技术，开始关注将不同工艺、不同功能的芯片集成在一个封装内，实现强大功能的系统级封装（system in packaging, SiP）[28-30]，而不再一味地追求在同一芯片上放置更多模块的片上系统（system on chip, SoC）。也就是说数字模块继续使用先进工艺，而其他模块利用更为成熟和经济的工艺实现，并与数字模块封装在一起。

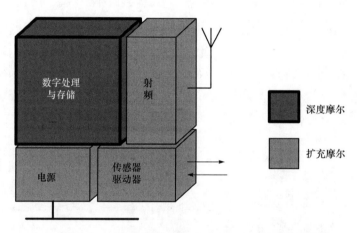

图 1.5　集成系统中的深度摩尔和扩充摩尔元件[12]

需要注意，严格意义上还不能说摩尔定律会在 2021 年失效，毕竟摩尔定律仅指出晶体管密度每 18～24 个月成倍增加，这并不等同于晶体管尺寸的缩小。也就是说，可以寻求其他方法增加晶体管密度，如由平面型转向垂直型等。如图 1.6 所示，采用堆叠二维晶体管结构，将基于二维材料构造的晶体管进行折叠可将尺寸缩小 45%[31]。同样，利用三维集成技术在竖直方向上堆叠芯片，也可提升晶体管密度，延续甚至超越摩尔定律所预测的发展速度[32-34]。因此，继续缩小晶体管并在竖直方向上进行拓展具有重要的意义。进入后摩尔时代，半导体产业不能再像过去那样遵循规则亦步亦趋地发展，必须不断探索创新技术，延续甚至打破摩尔定律。

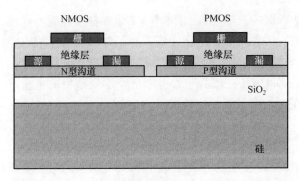
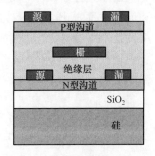

单层CMOS   堆叠二维晶体管

图 1.6 单层 CMOS 与堆叠二维晶体管结构[31]

1.2 互 连

互连线是芯片系统中单元电路间、模块内和多芯片组件间的信号传输载体。随着集成电路特征尺寸的不断缩小,互连线对集成电路性能的影响日趋凸显。为了增加集成密度,互连线的尺寸也随着集成电路制程节点的推进而缩小[35]。然而,与晶体管尺寸缩小不同,互连线的寄生阻抗随尺寸缩小急剧增大,线间距的减小带来了更大的寄生电容。也就是说,尽管互连线尺寸和密度与晶体管有着相似的发展趋势,却没有像晶体管尺寸缩小一样带来性能上的改善,如图 1.7 所示。更重要的是,在高性能处理器芯片中互连线传输数据所带来的功耗已占整个芯片功耗的一半以上[36]。因此在集成电路设计中互连线已取代晶体管成为决定性因素,正如美国佐治亚理工学院的 Meindl 教授所指出的,集成电路设计由晶体管占主导地位变成互连线占主导地位,进入"互连线时代"[37,38]。

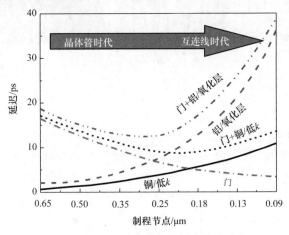

图 1.7 门延迟与互连线延迟的比较[14]

由于互连线对集成电路性能的影响日趋明显,学术界、工业界在互连线的优化和设计方面提出了大量改进方法。例如,在 20 世纪主要采用铝材料构造集成电路中的片上互连,但铝的性能和可靠性存在一定问题,在 $0.25\mu m$ 制程节点后已被铜材料取代[39]。采用铜材料也仅是临时解决方案,随着集成电路制程节点的推进将面临诸多问题。下面介绍高速互连未来可能的一些发展方向。

1. 超低 k 介质与空气隙互连

通常片上互连是埋在介质中的,即互连线的寄生电容取决于周围的电介质材料。由于互连线在传输信号过程中一定存在给寄生电容充电或放电的电流,这将影响互连线延迟。电介质材料还决定着相邻互连线之间的耦合电容,这些耦合电容会带来信号完整性的问题[40]。因此,发展具有超低介电常数的绝缘材料,可以减小互连线的寄生电容[41],降低互连线的延迟和功耗。目前,超低 k 介质材料的制造与集成工艺中还存在着一些问题,包括机械稳定性低、抗热循环能力差以及对沉积金属的附着能力弱等[42,43]。

空气隙可以看成超低 k 介质的终极方案,如图 1.8 所示,空气隙互连利用空气替代电介质材料来隔离不同层或同层的金属导线。制作空气隙要先淀积一层临时电介质材料,然后用热分解或湿法刻蚀的方法去除;也可在金属间先刻蚀掉电介质,再利用等离子体增强化学气相沉积方法对窄间隙填充率低的特性引入空气隙[44]。

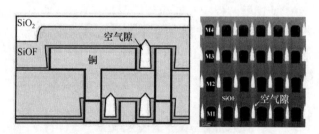

图 1.8　空气隙互连[44]

2. 碳纳米互连

如前所述,限制传统片上互连缩放的主要问题是互连线的阻抗和寄生电容随制程节点的推进而增大,要改善互连线性能,除了利用超低 k 介质降低寄生电容,还可以应用新型材料降低阻抗。相比于铜材料,碳纳米材料(包括碳纳米管和石墨烯)具有更大的平均自由程、热导率和电流承载能力[45-47],因此在片上纳米互连方面具有潜在的应用前景[48,49]。

3. 超导互连

与碳纳米互连类似,高温超导材料同样可降低互连线阻抗,且不受尺寸缩小的影响,可以极大地提高芯片集成密度,减少传统互连线中的信号衰减、色散和畸变等效应的影响[50-53]。然而,考虑到超导材料的转变温度远高于集成电路实际工作的环境温度,应用超导互连的集成电路需要低温冷却,封装更为复杂,也难以测试,这些因素限制了超导互连的应用[50]。

4. 三维集成

三维集成是扩充摩尔的一项重要技术,即不再依靠晶体管尺寸的缩小来维持集成电路的性能优势,而是利用竖直空间将芯片堆叠起来[14]。三维集成技术可以在芯片面积不变的前提下提高器件数目,减小互连长度,提升性能,降低功耗。

5. 光互连

用片上光互连取代全局层电互连的概念是在 1984 年提出的[54]。相比于电互连,光互连传输信号的速度更快,有助于解决芯片中的系统同步、带宽和功耗等问题[55]。图 1.9 给出了片上光互连的示意图,可以看到片上光互连需要从电到光和从光到电的转换器件,这些转换都需要消耗能量,这也是片上光互连主要用来取代全局层电互连的原因[56]。此外,光互连涉及的器件必须与 CMOS 工艺兼容,且在功耗、尺寸和成本方面应具有一定优势,这为光互连的实际应用带来了很多挑战。

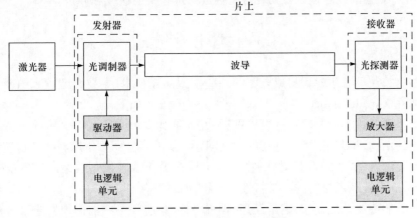

图 1.9　片上光互连示意图[56]

2015 年,美国加利福尼亚大学伯克利分校 Stojanovi'c 教授领导的研究团队首次在微处理器集成电路芯片中融入了光互连元件,如图 1.10 所示。其中,处理器采用了第五代简化指令集计算机(RISC-V)架构,包含超过 7000 万个晶体管和

850 个光子元件[57]。该芯片利用了 45nm 制程节点的 CMOS/SOI 工艺,在加工光子元件时不需要改变工艺。测试结果表明,这一芯片处理每比特数据只需消耗能量 1.3pJ(即 3.25mW),处理速度是现有芯片的 10~50 倍。

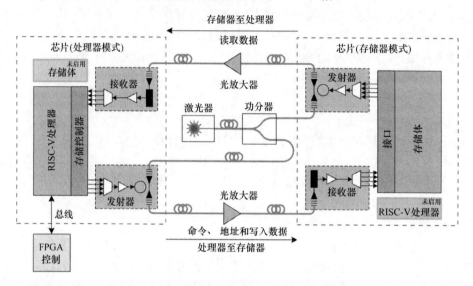

图 1.10　基于光互连的微处理器芯片框图[57]

此外,还有基于片上天线的无线互连[58-60]、用于电子自旋输运的互连结构[19,61,62]和拓扑绝缘体互连[63]等,它们均具有各自的优势和特点,需要结合成本、与 CMOS 工艺的兼容性以及功耗等指标进行进一步的研究和分析。

1.3　本书架构

本书关注后摩尔时代集成电路的一些新型互连技术,主要介绍碳基纳米互连和硅通孔(through-silicon via,TSV)技术。各章安排如下:

第 1 章概述半导体产业的发展,以及互连线的发展方向。第 2 章简介传统片上互连的结构、工艺、模型及存在的一些问题。第 3 章介绍碳纳米材料的物理特性与制备方法,从基本的石墨烯材料出发,推导石墨烯纳米带与碳纳米管的能带结构,分析一维碳纳米材料的电学特性。在第 3 章的基础上,第 4 章详细分析碳纳米互连的电学特性,给出全碳纳米互连、铜-碳纳米互连等一些前沿研究进展。后摩尔时代集成电路的发展不仅关注数字部分,还将根据具体的应用需求,实现功能的多样性。由于 CMOS 工艺的成本优势,有必要探索基于 CMOS 工艺的射频/毫米波电路,因而在第 5 章中将讨论片上高频互连的电学特性。第 6 章介绍三维集成与硅通孔技术的发展历史和研究现状,包括工艺、应用与挑战等。第 7 章给出了硅通孔对以及一些新型硅通孔结构的电学建模,包括差分硅通孔、同轴硅通孔和浮硅衬底中硅通孔的特性分析。第 8 章介绍碳纳米管构造的硅通孔互连,这种互连技术可以改善三维集成电路的散热性及可靠性。此外,本章给出了铜-碳纳米管混合材料填充硅通孔的一些初步研究工作。

参 考 文 献

[1] Moore G. Cramming more components onto integrated circuits[J]. Electronics,1965,38(8):114-117.

[2] Mack C A. Fifty years of Moore's law[J]. IEEE Transactions on Semiconducting Manufacturing,2011,24(2):202-207.

[3] Mollick E. Establishing Moore's law[J]. IEEE Annals of the History of Computing,2006,28(3):62-75.

[4] Lee J B. Semiconductor memory road map:Advances in semiconductor memory[J]. IEEE Solid-State Magazine,2016,8(2):66-74.

[5] Ahmad K,Schuegraf K. Transistor war[J]. IEEE Spectrum,2011,48(11):50-66.

[6] Mack C. The multiple lives of Moore's law[J]. IEEE Spectrum,2015,52(4):31.

[7] Bohr M,Mistry K. Intel's revolutionary 22nm transistor technology[EB/OL]. http://www. intel. com/[2012-02-14].

[8] Hisamoto D,Lee W C,Kedzierski J,et al. FinFET—a self-aligned double-gate MOSFET scalable to 20nm[J]. IEEE Transactions on Electron Devices,2000,47(12):2320-2325.

[9] Roy K,Mukhopadhyay S,Mahmoodi-Meimand H. Leakage current mechanisms and leakage reduction techniques in deep-submicrometer CMOS circuits[J]. Proceedings of the IEEE,2003,91(2):305-327.

[10] Pop E,Sinha S,Goodson K E. Heat generation and transport in nanometer-scale transistors[J]. Proceedings of the IEEE,2006,94(8):1587-1601.

[11] Waldrop M M. The chips are down for Moore's law[J]. Nature,2016,530(7589):144-147.

[12] International Technology Roadmap for Semiconductors. ITRS reports(ITRS)[EB/OL]. http://www. itrs2. net/itrs-reports. html[2016-7-10].

[13] Kahng A B. Scaling more than Moore's law[J]. IEEE Design & Test of Computers,2010,27(3):86-87.

[14] Baliga J. Chips go vertical[J]. IEEE Spectrum,2004,41(3):43-47.

[15] Britnell L,Gorbachev R V,Jalil R,et al. Field-effect tunneling transistor based on vertical graphene heterostructures[J]. Science,2012,335(6071):947-950.

[16] Sarkar D,Xie X,Liu W,et al. A subthreshold tunnel field-effect transistor with an atomically thin channel[J]. Nature,2015,526(7571):91-95.

[17] Wang H,Chang S,Hu Y,et al. A novel barrier controlled tunnel FET[J]. IEEE Electron Device Letters,2014,35(7):798-800.

[18] Schliemann J,Egues J C,Loss D. Nonballistic spin-field-effect transistor[J]. Physical Re-

view Letters,2003,90(14):186-191.

[19] Behin-Aein B,Datta D,Salahuddin S,et al. Proposal for an all-spin logic device with built-in memory[J]. Nature Nanotechnology,2010,5(4):266-270.

[20] Das A,Pisana S,Chakraborty B,et al. Monitoring dopants by Raman scattering in an electrochemically top-gated graphene transistor[J]. Nature Nanotechnology,2008,3(4):210-215.

[21] Wang Q H,Kalantar-Zadeh K,Kis A,et al. Electronics and optoelectronics of two-dimensional transition metal dichalcogenides[J]. Nature Nanotechnology,2012,7(11):699-712.

[22] Shulaker M M, Hills G, Patil N, et al. Carbon nanotube computer[J]. Nature, 2013, 501 (7468):526-530.

[23] Suntharalingam V,Berger R,Burns J A,et al. Megapixel CMOS image sensor fabricated in three-dimensional integrated circuit technology[C]. Proceedings of the International Solid-State Circuits Conference,San Francisca,2005.

[24] Dong L,Tao J,Bao J,et al. Anchor loss variation in MEMS wine-glass mode disk resonators due to fluctuating fabrication process[J]. IEEE Sensors Journal,2016,16(18):6846-6856.

[25] Kurs A,Karalis A,Moffatt R,et al. Wireless power transfer via strongly coupled magnetic resonances[J]. Science,2007,317(5834):83-86.

[26] Sample A P,Meyer D T,Smith J R. Analysis,experimental results,and range adaptation of magnetically coupled resonators for wireless power transfer[J]. IEEE Transactions on Industrial Electronics,2011,58(2):544-554.

[27] Liu X,Wang G. A novel wireless power transfer system with double intermediate resonant coils[J]. IEEE Transactions on Industrial Electronics,2016,63(4):2174-2180.

[28] Krenik W, Buss D D, Rickert P. Cellular handset integration-SIP versus SOC[J]. IEEE Journal of Solid-State Circuits,2005,40(9):1839-1846.

[29] Rickert P,Krenik W. Cell phone integration:SiP,SoC,and PoP[J]. IEEE Design and Test of Computers,2006,23(3):188-195.

[30] Fontanelli A. System-in-package technology:Opportunities and challenges[C]. Proceedings of the 9th International Symposium on Quality Electronic Design,San Jose,2008.

[31] Hu C. What else besides FinFET?[C]. Proceedings of the SNUG Silicon Valley,Santa Clara, 2016.

[32] Burns J A,Aull B F,Chen C K,et al. A wafer-scale 3-D circuit integration technology[J]. IEEE Transactions on Electron Devices,2006,53(10):2507-2516.

[33] Knickerbocker J U,Patel C S,Andry P S,et al. 3-D silicon integration and silicon packaging technology using silicon through-vias[J]. IEEE Journal of Solid-State Circuits,2006,41(8): 1718-1725.

[34] Wang Z. 3-D integration and through-silicon vias in MEMS and microsensors[J]. Journal of Microelectromechanical Systems,2015,24(5):1211-1244.

[35] Yamashita K,Odanaka S. Interconnect scaling scenario using a chip level interconnect model[J]. IEEE Transactions on Electron Devices,2000,47(1):90-96.

[36] Magen N,Kolodny A,Weiser U,et al. Interconnect-power dissipation in a microprocessor[C]. Proceedings of the International Workshop on System Level Interconnect Prediction,Paris, 2004.

[37] Davis J,Venkatesan R,Kaloyeros A,et al. Interconnect limits on gigascale integration(GSI) in the 21st century[J]. Proceedings of the IEEE,2001,89(3):305-324.

[38] Meindl J D. Beyond Moore's law:The interconnect era[J]. Computing in Science & Engineering,2003,5(1):20-24.

[39] Hu C K,Harper J M E. Copper interconnect:Fabrication and reliability[C]. Proceedings of the IEEE International Symposium on VLSI Technology, Systems, and Applications, Taipei,1997.

[40] Bogatin E. Signal Integrity:Simplified[M]. New Jersey:Prentice Hall Professional,2004.

[41] Salman E, Friedman E G. High Performance Integrated Circuit Design[M]. New York: McGraw Hill Professional,2012.

[42] Ryan J G,Geffken R M,Poulin N R,et al. The evolution of interconnection technology at IBM[J]. IBM Journal of Research and Development,1995,39(4):371-381.

[43] Banerjee K,Amerasekera,Dixit G,et al. The effect of interconnect scaling and low-k dielectric on the thermal characteristics of the IC metal[C]. Proceedings of the International Electron Devices Meeting,San Francisco,1996.

[44] Noguchi J,Oshima T,Matsumoto T,et al. Multilevel interconnect with air-gap structure for next-generation interconnections[J]. IEEE Transactions on Electron Devices,2009,56(11): 2675-2682.

[45] Iijima S. Helical microtubules of graphitic carbon[J]. Nature,1991,354:56-58.

[46] Novoselov K S,Geim A K,Morozov S V,et al. Electric field effect in atomically thin carbon films[J]. Science,2004,306(5696):666-669.

[47] Geim A K,Novoselov K S. The rise of graphene[J]. Nature Materials,2007,6(3):183-191.

[48] Li H,Xu C,Srivastava N,et al. Carbon nanomaterials for next-generation interconnects and passives:Physics,status,and prospects[J]. IEEE Transactions on Electron Devices,2009, 56(9):1799-1821.

[49] Zhao W S,Yin W Y. Carbon-Based Interconnects for RF Nanoelectronics[M]. New York:John Wiley & Sons,2012.

[50] Brock D K,Track E K,Rowell J M. Superconductor ICs:The 100-GHz second generation[J]. IEEE Spectrum,2000,37(12):40-46.

[51] Hayakawa H,Yoshikawa N,Yorozu S,et al. Superconducting digital electronics[J]. Proceedings of the IEEE,2004,92(10):1549-1563.

[52] Goel A K. High-Speed VLSI Interconnections[M]. New York:John Wiley & Sons,2007.

[53] Herr Q P,Herr A Y,Oberg O T,et al. Ultra-low-power superconductor logic[J]. Journal of Applied Physics,2011,109(10):3210-3274.

[54] Goodman J,Leonberger F,Kung S Y,et al. Optical interconnections for VLSI systems[J].

Proceedings of the IEEE,1984,72(7):850-866.

[55] Miller D A B. Rationable and challenges for optical interconnects to electronic chips[J]. Proceedings of the IEEE,2000,88(6):728-749.

[56] Haurylau M,Chen G,Chen H,et al. On-chip optical interconnect roadmap:Challenges and critical directions[J]. IEEE Journal of Selected Topics in Quantum Electronics, 2006, 12(6):1699-1705.

[57] Sun C,Wade M T,Lee Y,et al. Single-chip microprocessor than communicates directly using light[J]. Nature,2015,528(7583):534-538.

[58] Kim K,Yoon H,O K K. On-chip wireless interconnection with integrated antennas[C]. Proceedings of the International Electron Devices Meeting,San Francisco,2000.

[59] Floyd B A,Hung C M,O K K. Intra-chip wireless interconnect for clock distribution implemented with integrated antennas, receivers, and transmitters[J]. IEEE Journal of Solid-State Circuits,2002,37(5):543-552.

[60] Yeh H H,Melde K L. Development of 60-GHz wireless interconnects for interchip data transmission[J]. IEEE Transactions on Components, Packaging and Manufacturing Technology,2013,3(11):1946-1952.

[61] Bonhomme P,Manipatruni S,Iraei R M,et al. Circuit simulation of magnetization dynamics and spin transport[J]. IEEE Transactions on Electron Devices,2014,61(5):1553-1560.

[62] Chang S C,Iraei R M,Manipatruni S,et al. Design and analysis of copper and aluminum interconnects for all-spin logic[J]. IEEE Transactions on Electron Devices, 2014, 61(8): 2905-2911.

[63] Philip T M,Hirsbrunner M R,Park M J,et al. Performance of topological insulator interconnects[J]. IEEE Electron Device Letters,2017,38(1):138-141.

第 2 章　传统片上互连

集成电路中的器件(如晶体管、电阻和电容等)必须通过后端工序(back end of line,BEOL)中的金属线连接起来,这些传输信号的金属线就是互连线。互连线是集成电路重要的信号传输载体。为改善性能、提升密度,英特尔公司的 Grove 于 1969 年提出了平面多层金属化技术[1];进一步地,在集成电路中使用导电性更好的高纯铜材料替代铝和铝合金来构造片上互连[2]。然而,与晶体管的发展趋势相反,互连线尺寸的缩小导致阻抗增大,性能不断恶化。原先可以忽略的互连线,不仅影响到集成电路的性能指标,严重时还会导致电路无法正常工作。集成电路越来越依赖于片上互连的性能,互连线已取代晶体管成为决定时延、功耗和面积的关键性因素[3]。

片上互连的精确建模对集成电路的设计和优化极为重要。随着特征尺寸的缩小,互连线从被忽略的无阻抗金属线,演变为集总电容负载、有损电阻-电容(resistance-capacitance,R-C)模型,到现在已等效为更为复杂的电阻-电感-电容(resistance-inductance-capacitance,R-L-C)模型。另外,随着时钟频率的增大,中间层和全局层互连线的信号延迟远大于门延迟,互连线模型也从集总式演变为分布式,趋肤效应和邻近效应对互连线阻抗的影响越来越大。然而,铜互连也仅仅是片上互连的一种临时解决方案,同样存在着可靠性等问题,还需进行进一步的研究和探索。本章将简要介绍传统的片上互连技术,包括互连制造技术、电路建模、优化设计及所面临的挑战。

2.1　多层互连与制造技术

图 2.1 所示为片上多层互连的典型结构,其中底层的金属线用于局部互连,截面积较小,常用于传递逻辑门或模块内部的器件级信号,局部互连层中门延迟占主导地位。高层金属线常用于传递跨集成电路的全局信号,或构造电源分配网络和时钟分配网络。全局层中互连线延迟占主导地位,为减小互连阻抗和寄生电容,全局互连的尺寸一般较大。局部层与全局层之间的金属线用于中间层或半全局层互连,主要传输模块内距离较长的时钟信号。

图 2.2 给出了国际商用机器公司(IBM)、英特尔公司和台湾积体电路制造股份有限公司(简称台积公司)制造的集成电路的片上多层互连结构,可以看到互连线已达十几层。一般来说,随着半导体技术的发展,互连线层数不断增加,从而导致互连密度提升。但互连密度的提升也会引入更大的寄生电容等参数,使得集成电路设计的复杂度提高。

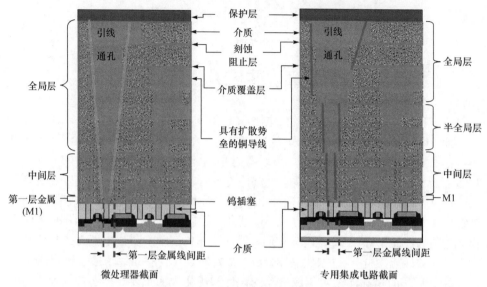

图 2.1　微处理器和专用集成电路中的多层互连示意图[4]

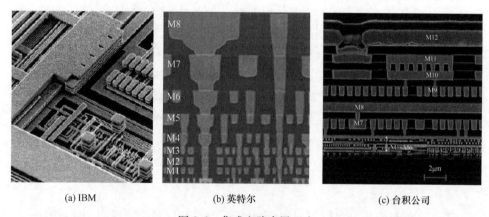

　　(a) IBM　　　　　　　　(b) 英特尔　　　　　　　　(c) 台积公司

图 2.2　集成电路多层互连

　　目前,互连线普遍采用双大马士革工艺制备[5]。在以前的互连工艺中,先刻蚀金属,后填充介质;而大马士革工艺是在介质层上刻蚀金属用的图膜后再填充金属。相对而言,大马士革工艺更易操作,光学对准简单,步骤较少,而双大马士革工艺中同时加工通孔和引线,只需一次金属填充,因此进一步降低了成本。

　　图 2.3 给出了典型的采用双大马士革工艺制备铜互连线的流程。首先,在衬底上淀积一层电介质材料(如二氧化硅或低 k 介质等),光刻形成通孔的掩膜图形,得到一个通孔,重复操作在介质层刻蚀引线沟槽。然后,在通孔和沟槽表面淀积一层扩散垫垒(通常为钽或氮化钽薄膜),主要用来防止铜原子扩散到层间介质,以及提高铜的附着率。接着,用电镀的方法在通孔和沟槽中淀积铜,并用化学机械抛光

移除多余的铜。最后,在表面淀积 SiN 覆盖层(也称为刻蚀停止层),以便开始加工下一互连层。

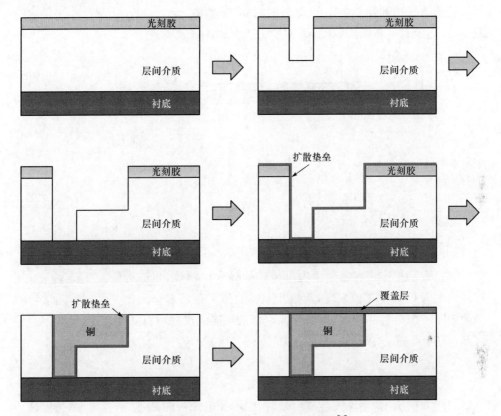

图 2.3 典型的双大马士革工艺流程[6]

2.2 互连模型及分析

从最早的忽略互连线效应,到逐渐发现互连线性能对集成电路具有一定影响,再到互连线成为集成电路性能的主导因素,互连线模型从最早无阻抗的短路模型一直演变为目前的 $R\text{-}L\text{-}C$ 模型。精确的互连模型有助于分析和预测片上互连线的电学性能,为互连线的优化设计指出方向。在开展互连线的建模工作前,必须了解互连设计中需要考虑的一些性能指标参数(如延迟、功耗等)。

2.2.1 性能指标

1. 延迟

互连延迟(也称时延)是互连线优化设计的首要指标,它在全局互连(此时互连延迟远大于门延迟)设计中最为明显。不同的应用中对互连延迟的定义也有所不同,一般认为是负载接收到的阶跃信号从 10% 增加到 90% 的时间,有时也会定义为负载端电压达到稳态电压值 50% 的时间[7],如图 2.4 所示。随着互连线尺寸的缩小,互连延迟不断增大,严重影响系统速度和计算效率。

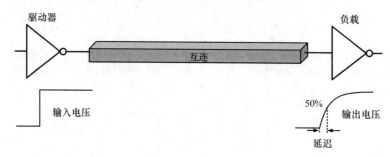

图 2.4　互连延迟

2. 带宽

带宽表示互连线在每秒钟内可传输的最大比特数,也称为最大比特率[8]。从互连线的 $R\text{-}C$ 模型可以发现,单根互连线的带宽与延迟呈反比关系。整体设计时必须同时考虑延迟和带宽,例如单纯地增大互连线尺寸可以降低互连延迟,但会导致互连密度下降,从而影响整体的带宽[9]。

3. 噪声

如图 2.5 所示,互连线传输信号时,电压和电流可能通过一些耦合路径传递到邻近互连线上,这种现象称为串扰。随着半导体器件阈值电压的减小,器件噪声容

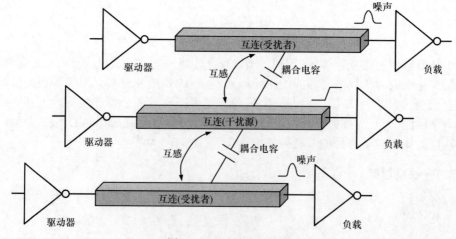

图 2.5　互连线中的串扰

限大大降低,使得集成电路对噪声更为敏感,串扰严重时会影响集成电路的时序性能[10]。此外,集成电路中多个逻辑门同时开关时会从电源分配网络中拉出电流,造成电压波动,一般称为地弹,地弹噪声如果控制不好同样会影响电路的性能。

4. 功耗

由于集成电路时钟频率和集成密度增大,功耗和散热性成为芯片设计和发展中比较突出的问题。集成电路的功耗包含来自开关的动态功耗和来自漏电流的静态功耗,静态功耗是全局性的消耗,随着特征尺寸的缩小一直在增加,但目前动态功耗仍是主要来源。在现代微处理器中互连线的功耗已达到整体功耗的一半以上[11],因此有必要衡量互连线的功耗并针对性地开展优化设计[12]。

5. 面积

集成电路中的互连线已经成为限制版图面积的主要因素,因此占用面积也是互连线设计与应用的重要指标之一[13]。在集成电路的布局布线,特别是使用一些优化技巧(如缓冲器插入等)时,必须综合考虑互连线延迟、功耗和占用面积等指标参数[8]。

6. 可靠性

互连线的可靠性问题主要体现在两方面,即金属线中的电迁移等可靠性问题和层间介质的击穿[14]。当电流通过互连线时,电场作用使运动中的电子与金属原子发生动量交换,导致金属离子沿电子流运动方向迁移,这种现象就是电迁移。如图 2.6 所示,电迁移使金属的某些部位出现空洞或小丘,最终可能令金属线断裂,

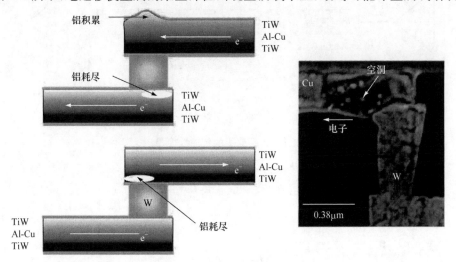

图 2.6　互连线中的电迁移[15]

影响集成电路的正常工作。随着互连线尺寸的缩小,电流密度急剧增大,这将导致更为严重的电迁移问题[16,17]。此外,互连线阻抗的增大将引起严重的自热效应,温度的上升也会对互连线寿命产生显著影响[18]。

互连线的优化设计包括降低层间介质的介电常数,但低介电常数的电介质其化学和力学性能通常都较差,长期处于高电场强度环境中易被击穿,从而引起互连线的可靠性问题[6]。通过经时介质击穿测试可以检验电介质的可靠性,这种方法通常是在介质上加载一定范围内变化的电压来检测击穿时间。为了缩短测试时间,加载电压值一般是工作电压的 10 倍以上,当检测电流值急剧增大时,表明电介质已被击穿而出现了漏电流[14]。此外,互连线中还存在应力迁移等问题,应力迁移主要是因为高温下不同材料的热膨胀系数不匹配,引起热应力缺陷而导致金属线断裂[19]。

2.2.2　互连模型

集成电路中的互连模型演变为 $R\text{-}C$ 和 $R\text{-}L\text{-}C$ 模型后,进一步受时钟频率增大的影响,从集总式模型演变为现在的分布式模型。也就是说,互连线可以用传输线模型进行电学建模[20-22],如图 2.7 所示,其中 R、L 和 C 分别代表单位长度互连线的电阻、电感和电容参数。由于片上互连结构中介质层的损耗系数较小,一般可以忽略互连线与地线之间的电导参数。局部层互连通常采用分布式 $R\text{-}C$ 模型,而中间层和全局层互连则需要考虑电感效应,具体使用哪种模型要依据互连线损耗和信号的翻转时间进行判别[23,24]。

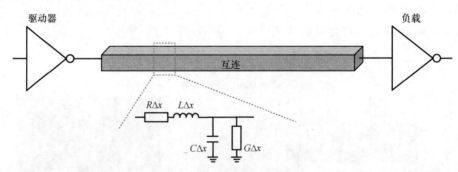

图 2.7　互连线的传输线模型

设在 Δt 时间内沿着互连线 Δx 长度的压降为 ΔV,通过这段互连线的电流为 ΔI。根据基尔霍夫定律可以得到

$$\Delta V = -R\Delta x I - L\Delta x \frac{\partial I}{\partial t} \tag{2.1}$$

$$\Delta I = -C\Delta x \frac{\partial V}{\partial t} \tag{2.2}$$

式(2.1)和式(2.2)可进一步写为

$$\frac{\partial V}{\partial x} = -RI - L\frac{\partial I}{\partial t} \tag{2.3}$$

$$\frac{\partial I}{\partial x} = -C\frac{\partial V}{\partial t} \tag{2.4}$$

即传输线经典的电报方程(忽略掉电导参数)。

将式(2.4)代入式(2.3),可以得到单根互连线的偏微分方程为

$$\frac{\partial^2}{\partial x^2}V(x,t) = RC\frac{\partial}{\partial t}V(x,t) + LC\frac{\partial^2}{\partial t^2}V(x,t) \tag{2.5}$$

式(2.5)在频域中可写为

$$\frac{\partial^2}{\partial x^2}V(x,s) = (R+sL)sCV(x,s) \tag{2.6}$$

互连线的特性阻抗和传播常数分别定义为

$$Z_0 = \sqrt{\frac{R+sL}{sC}} \tag{2.7}$$

$$\gamma = \sqrt{(R+sL)sC} \tag{2.8}$$

互连线的电阻主要使传播信号衰减和翻转时间变长,对于无损互连线($R=0$), $\gamma = s\sqrt{LC}$,此时互连线变为无衰减的纯延迟单元[8]。当确定好互连线模型后,互连线参数的提取就成为首要问题。

1. 电阻

电阻反映了导体对电流的阻碍作用,电阻越大,电子流通量就越小,直接影响互连线延迟和传输信号波形等。图 2.8 给出了单根铜导线的结构示意图,其中 w、 t 和 l 分别为互连线的宽度、厚度和长度。单根铜互连线的电阻可表示为

$$R = \rho_{Cu}\frac{l}{wt} = \frac{1}{\sigma_{Cu}}\frac{l}{wt} \tag{2.9}$$

其中,ρ_{Cu} 为铜电阻率;$\sigma_{Cu} = 1/\rho_{Cu}$ 为铜电导率。

对于片上互连中的常规线段,可应用式(2.9)计算电阻,而在实际应用中根据工艺可提取方块电阻(如图 2.8 所示)[25]

$$R_\square = \frac{\rho_{Cu}}{t} \tag{2.10}$$

采用方块电阻的概念主要是因为金属层厚度一般不变,此时互连电阻可用方块电阻乘以有效方块数目得到[26]:

$$R = R_\square\frac{l}{w} \tag{2.11}$$

对于非常规线段(如片上通孔等带拐弯的互连线等),则无法使用解析公式直接计算,一般使用有限元、有限差分等方法求解拉普拉斯方程[27,28]

$$\nabla^2 \phi = 0 \tag{2.12}$$

其中,ϕ 为导体内部电势。

　　求解后可得到电流密度 $J = -\sigma_{Cu}\nabla\phi$,在适当区域进行积分得到总电流后,根据 $R = V/I$ 即可得到互连电阻。也可使用 ANSYS 公司的 Maxwell、Keysight 公司的 ADS、Synopsys 公司的 Raphael 等商业软件提取电阻参数。

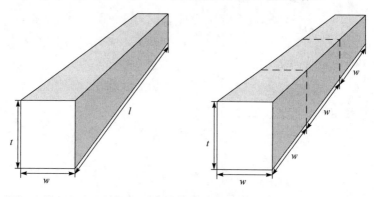

图 2.8　单根铜互连电阻的提取

　　在高频条件下,由于导体内部的涡流引起趋肤效应,电流聚积到表面,导致互连线电阻随频率的增加而增大[29]。涡流还会使邻近导体中的电流重新分布(即邻近效应),同样会引起互连线电阻的增大。通常用电流趋近导体表面的趋肤深度来衡量趋肤效应,一个良导体的趋肤深度可表示为 $\delta(f) = 1/\sqrt{\pi f \mu \sigma_{Cu}}$,其中 f 为工作频率,$\mu = \mu_0 \mu_r$ 为互连线周围介质的磁导率,μ_0 为真空磁导率,μ_r 为介质的相对磁导率,一般为 1。频率为 100 GHz 时铜互连线的趋肤深度为 209nm,这个值已远大于当前工艺下多数片上互连的截面尺寸,因此片上互连的建模一般可忽略频率的影响,但在全局层互连线的设计与应用中仍需考虑频率效应。

　　2. 电容

　　电容代表容纳电场能量的能力。电流通过互连线时要为互连线寄生电容充电或放电,因此电容参数直接影响信号延迟。寄生电容依赖于互连线的几何结构和周围介质的介电常数,对于较为复杂的几何结构一般需要采用数值方法,如有限元[30]、边界元[31]等。这些数值方法通过求解泊松方程来精确提取电容,能够充分考虑边缘耦合的影响,但计算开销较大,对于复杂的集成电路来说并不实际。在集成电路设计时通常针对某一特定工艺,(使用场求解器)数值求解得到一些典型几何结构的电容参数,建立电容数据库,在设计过程中直接调用数据库提取电容。这种基于查表的方法受到表的维数的限制,缺少物理的直观描述和理解。

在许多情况下,可以建立解析公式来计算互连线电容。针对图 2.9 给出的一些结构,Stellari 和 Lacaita 用保角变换法得到寄生电容的一系列解析公式[32]。

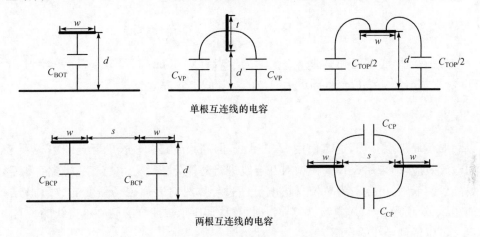

单根互连线的电容

两根互连线的电容

图 2.9　互连线电容示意图

$$C_{\mathrm{BOT}} = \frac{2\varepsilon}{\pi}\left[\psi(0) - \psi\left(\frac{w}{2}\right)\right] \tag{2.13}$$

$$C_{\mathrm{VP}} = \frac{\varepsilon}{2}M\left[\sqrt{1 - \left(1 + \frac{t}{d}\right)^{-2}}\right] \tag{2.14}$$

$$C_{\mathrm{TOP}} = \varepsilon\left\{\frac{2}{\pi}(1 + \sqrt{1+c^2}) - \frac{8}{\pi}(1 + \sqrt{1+c^2})^2\,\mathrm{e}^{-2(1+\sqrt{1+c^2})} - M\left[\tanh\left(\frac{\pi}{4}\frac{w}{d}\right)\right]\right\} \tag{2.15}$$

$$C_{\mathrm{BCP}} = \frac{\varepsilon}{2}M\left\{\frac{\sqrt{\sinh[\pi(w+s)/(2d)]\sinh[(\pi w/(2d)]}}{\cosh[\pi(2w+s)/(4d)]}\right\} \tag{2.16}$$

$$C_{\mathrm{CP}} = \frac{\varepsilon}{4}M\left[\sqrt{1 - \left(1 + \frac{2w}{s}\right)^{-2}}\right] \tag{2.17}$$

其中,$\varepsilon = \varepsilon_0\varepsilon_r$ 为互连线周围介质的介电常数,ε_0 为真空介电常数,ε_r 为介质的相对介电常数;d 为互连线距离地平面的距离;s 为相邻互连线的间距。

式(2.13)中的函数 $\psi(x)$ $\left(x$ 取值 0 或 $\frac{w}{2}$ 等$\right)$ 和式(2.15)中的 c 可由下式得到:

$$-\pi\frac{x}{d} = \mathrm{e}^{\psi(x)} + \psi(x) + 1 \tag{2.18}$$

$$c - \sinh^{-1}(c) = \frac{\pi w}{2d} \tag{2.19}$$

函数 $M(k)$ 为

$$M(k)=\begin{cases}\dfrac{2\pi}{\ln\left(2\,\dfrac{1+\sqrt[4]{1-k^2}}{1-\sqrt[4]{1-k^2}}\right)}, & 0\leqslant k\leqslant\dfrac{1}{\sqrt{2}}\\[4mm]\dfrac{2}{\pi}\ln\left(2\,\dfrac{1+\sqrt{k}}{1-\sqrt{k}}\right), & \dfrac{1}{\sqrt{2}}\leqslant k\leqslant1\end{cases} \tag{2.20}$$

进一步地,美国亚利桑那州立大学的学者针对 65nm 制程节点以后的片上互连线,根据电场曲线拟合得到更为简洁的互连线电容提取公式[33]。

3. 电感

对于局部层互连,通常使用 R-C 模型,但高频电路和较长的互连线中必须考虑电感效应,即采用 R-L-C 模型对互连线进行建模分析[24]。电感代表电路存储磁场能量的能力,可定义为单位安培电流通过导体时对表面磁场强度的数值积分。如图 2.10 所示,当 1A 电流通过导线时,导线周围形成闭合的同心磁力线圈,根据定义可以得到导线的自感为[34]

$$L_{\text{self}}=\frac{N}{I} \tag{2.21}$$

其中,N 为导线周围的磁力线圈匝数;I 为通过导线的电流值。需要指出的是,导线的电感只与导体的几何结构和磁导率有关,与通过的电流大小无关。

两根导线靠近时,从图 2.10 可以看到导线周围的磁力线圈必然环绕另一根导线,此时定义第一根导线通过单位安培电流时产生的磁力线圈中环绕第二根导线的那部分匝数为互感

$$M_{21}=\frac{\Delta N}{I_1} \tag{2.22}$$

可以很容易地观察到 $M_{12}=M_{21}$,且互感必然小于任一根导线的自感。当两根导线的电流方向相同时,产生的磁力线圈彼此叠加,此时互感为正值;而电流方向相反时,磁力线圈彼此抵消,此时互感为负值。

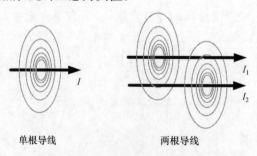

单根导线　　　　　　　两根导线

图 2.10　导线周围的磁力线圈示意图

在传统电路中经常使用"地"作为输入电流的终点,但实际上电流不可能在某个"地"点消失,而无损耗地出现在另一个"地"点,即"地"仅仅是忽略损耗的电流返回路径。随着集成电路特征尺寸的缩小,互连线阻抗的影响越来越大,"地"的概念已不再适用,必须确定电流的返回路径才能够得到互连线的电感参数[34]。然而,片上互连结构的复杂性导致很难确定电流返回路径,这使得电感的提取比电阻和电容要困难得多。与电阻相同,互连线的电感同样受涡流影响,在趋肤效应和邻近效应的作用下,互连线的电感参数在高频情况下逐渐减小[35]。

1974 年 Ruehli 教授提出部分元等效电路(partial element equivalent circuit, PEEC)方法,成为互连线电感提取的重要方法之一[36]。PEEC 方法采用部分电感的概念对互连线进行划分,并将每部分电感都离散为多个细丝单元,基于这些单元的自感和互感建立阻抗矩阵,通过数值计算,结合边界条件,最终得到环路总电感。基于 PEEC 方法,Kamon 等开发了 FastHenry 软件,用于电感的提取[37]。除了 PEEC 方法,还可用位移电流等于零的磁准静态假设求解磁场,再使用能量方法提取电感[13]。

但是,数值方法始终要消耗大量时间和计算资源,而解析公式一直是设计者所渴望的。在互连线电感提取中经常用到一些解析公式,这些公式一般假设互连线的电流返回路径在无穷远处[38]。对于图 2.11 所示的耦合互连线结构,基于电磁场理论可以得到单根互连线的自感为

$$L_{\text{self}} = \frac{\mu l}{2\pi}\left[\ln\left(\frac{2l}{w+t}\right) + \frac{1}{2} + 0.2235\,\frac{w+t}{l}\right] \tag{2.23}$$

其中,$l \gg (w+t)$;μ 为磁导率;w、t 和 l 分别为互连线的宽度、厚度和长度。

两根长度相等的平行互连线之间的互感为

$$M = \frac{\mu l}{2\pi}\left[\ln\left(\frac{2l}{p}\right) - 1 + \frac{p}{l}\right] \tag{2.24}$$

其中,$l \gg p$,p 为两根互连线中心点的间距。

考虑到趋肤效应,还可在式(2.23)中加入频率相关项进行拟合[39]。

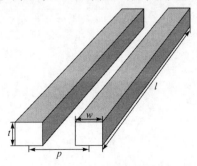

图 2.11　两根互连线示意图

在提取得到互连线参数后,将它们代入互连线的偏微分方程,可以得到互连线的瞬态响应。图 2.12 给出了驱动-互连-负载的等效电路模型,其中 V_{in} 和 V_{out} 分别为输入电压和输出电压,R_d 和 C_d 为驱动电阻和驱动电容,C_L 为负载电容。根据传输线理论,可以得到互连线的传输矩阵为

$$\begin{bmatrix} \cosh(\gamma l) & Z_0\sinh(\gamma l) \\ \dfrac{\sinh(\gamma l)}{Z_0} & \cosh(\gamma l) \end{bmatrix} \tag{2.25}$$

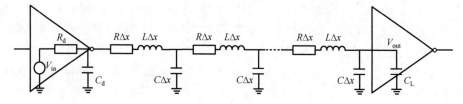

图 2.12　驱动-互连-负载的等效电路模型

系统的输入-输出关系式为

$$\begin{bmatrix} V_{in} \\ I_{in} \end{bmatrix} = \begin{bmatrix} 1 & R_d \\ 0 & 1 \end{bmatrix}\begin{bmatrix} 1 & 0 \\ sC_d & 1 \end{bmatrix}\begin{bmatrix} \cosh(\gamma l) & Z_0\sinh(\gamma l) \\ \dfrac{\sinh(\gamma l)}{Z_0} & \cosh(\gamma l) \end{bmatrix}\begin{bmatrix} V_{out} \\ I_{out} \end{bmatrix} = \begin{bmatrix} A & B \\ C & D \end{bmatrix}\begin{bmatrix} V_{out} \\ I_{out} \end{bmatrix}$$

$$\tag{2.26}$$

结合边界条件 $I_{out} = sC_L V_{out}$,有 $V_{in} = (A + sC_L B)V_{out}$。系统的传递函数可表示为

$$H(s) = \frac{V_{out}(s)}{V_{in}(s)} = \frac{1}{A + sC_L B}$$

$$= \frac{1}{[1 + sR_d(C_d + C_L)]\cosh(\gamma l) + (R_d/Z_0 + sC_L Z_0 + s^2 R_d C_d C_L Z_0)\sinh(\gamma l)}$$

$$\tag{2.27}$$

将传递函数高阶展开为[40]

$$H(s) \approx \frac{1}{1 + b_1 s + b_2 s^2 + b_3 s^3 + b_4 s^4} \tag{2.28}$$

其中

$$b_1 = R_d(C_d + C_L) + R_d Cl + C_L Rl + \frac{RCl^2}{2!} \tag{2.29}$$

$$b_2 = C_L Ll + R_d C_d C_L Rl + \frac{LCl^2}{2!} + R_d(C_d + C_L)\frac{RCl^2}{2!} + (R_d Cl + C_L Rl)\frac{RCl^2}{3!} + \frac{R^2 C^2 l^4}{4!}$$

$$\tag{2.30}$$

$$b_3 = R_d C_d C_L Ll + (C_L Ll + R_d C_d C_L Rl)\frac{RCl^2}{3!} + \frac{2RLC^2 l^4}{4!} + \frac{R^3 C^3 l^6}{6!}$$

$$+R_d(C_d+C_L)\left(\frac{LCl^2}{2!}+\frac{R^2C^2l^4}{4!}\right)+(R_dCl+C_LRl)\left(\frac{LCl^2}{3!}+\frac{R^2C^2l^4}{5!}\right) \tag{2.31}$$

$$b_4=\frac{R_dC_dC_LRLCl^3}{3!}+\frac{L^2C^2l^4}{4!}+\frac{3C^3R^2Ll^6}{6!}+\frac{R^4C^4l^8}{8!}$$

$$+(C_LLl+R_dC_dC_LRl)\left(\frac{LCl^2}{3!}+\frac{R^2C^2l^4}{5!}\right)+R_d(C_d+C_L)\left(\frac{2RLC^2l^4}{4!}+\frac{R^3C^3l^6}{6!}\right)$$

$$+(R_dCl+C_LRl)\left(\frac{2RLC^2l^4}{5!}+\frac{R^3C^3l^6}{7!}\right) \tag{2.32}$$

通过式(2.28)可以得到阶跃信号输入下互连线的频域响应为

$$V_{\text{out}}(s)=\frac{H(s)}{s}=V_0\left(\frac{1}{s}+\sum_{i=1}^{4}\frac{k_i}{s-s_i}\right) \tag{2.33}$$

即阶跃信号输入下互连线的瞬态输出响应为

$$V_{\text{out}}(t)=V_0\left(1+\sum_{i=1}^{4}k_i e^{s_it}\right) \tag{2.34}$$

其中,V_0 为输入信号的幅值。

除了频域分析方法,也可将互连线分段,在满足一定条件时(例如分段长度小于传输信号最小波长的二十分之一),这些分段可用集总式模型表征,将这些集总模型连接起来共同仿真,就可以得到互连线分布式模型的瞬态响应。分段越精细,仿真结果必然越精确。这种方法能够与商业仿真软件兼容,但也会消耗较多的仿真资源,在实际应用中应根据传输信号的最高频率和互连线参数进行判定[8]。

互连线常用 Elmore 延迟衡量,Elmore 延迟主要是根据阻尼线性系统的传递函数来计算延迟。图 2.13 给出了一个简单的集总式 R-C 电路,该电路的传递函数为

$$H(s)=\frac{1}{1+sRC} \tag{2.35}$$

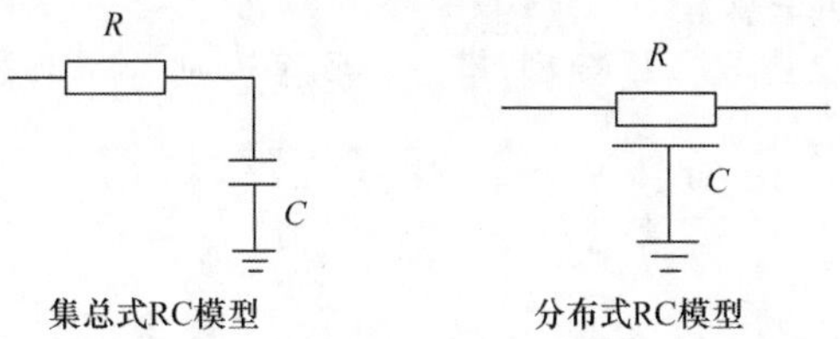

图 2.13 集总式和分布式 R-C 模型

根据传递函数得到阶跃信号输入下互连线的瞬态输出电压为

$$V_{\text{out}}(t)=V_0\left[1-e^{-t/(RC)}\right] \tag{2.36}$$

当输出电压为幅值的一半时,得到的 50% 延迟为 $0.69RC$[41],进一步分析可以得到分布式 R-C 模型的 50% 延迟为 $0.38RCl^2$。因此,驱动-互连-负载整体系统的

50%延迟由下式得到：

$$t=0.69R_d(C_d+C_L)+0.69(R_dC+RC_L)l+0.38RCl^2 \qquad (2.37)$$

图 2.14 给出了 14nm 制程节点下 CMOS 互连线的延迟曲线。在这一节点，最小尺寸 N 型场效应管的开态电阻为 24 kΩ，驱动电容为 7.56 pF，负载电容为 15 aF，互连线的单位长度电阻和电容分别为 2×10^6 Ω/cm 和 1.65 pF/cm。从图中可知互连线长度较短时，$R_d(C_d+C_L)$ 与 R_dCl 对延迟的影响互相接近，随着互连线长度的增加，总延迟开始接近于 R_dCl 项，其他项的影响都可以忽略。但当互连线长度增大至栅极间距的 50 倍以上时，互连线延迟曲线进入超线性区域，此时不能再忽略 RCl^2 项的影响。当互连线长度达到栅极间距的 500 倍以上时，可以忽略驱动和负载的影响，互连线本身的延迟成为决定因素[42]。

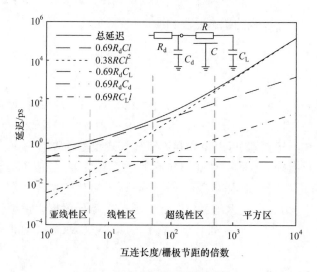

图 2.14　互连线延迟曲线[42]

考虑到中间层和全局层互连线的电感效应，美国罗切斯特大学的 Ismail 和 Friedman[24] 基于分布式 R-L-C 模型，推导得到互连延迟的紧凑表达式

$$t=(e^{-2.9\zeta^{1.35}}+1.48\zeta)\sqrt{Ll(Cl+C_L)} \qquad (2.38)$$

其中

$$\zeta=\frac{(R_d+0.5Rl)Cl+(R_d+Rl)C_L}{2\sqrt{LCl^2+LlC_L}} \qquad (2.39)$$

美国佐治亚理工学院 Davis 教授从式(2.5)出发，推导得到分布式 R-L-C 模型瞬态电压响应、过冲和延迟的紧凑表达式[7]。在此基础上，他们考虑了容性负载，给出更为一般的瞬态电压响应和延迟的解析计算公式[43,44]。此外，他们还考虑多导体互连线的情形，利用矩阵形式描述其中的信号传播：

$$\frac{\partial^2 V}{\partial x^2} = RC\frac{\partial V}{\partial x} + LC\frac{\partial^2 V}{\partial t^2} \tag{2.40}$$

经过严密的数学推导,给出耦合互连线之间串扰电压的解析公式,并与商业软件 HSPICE 的仿真结果进行对比,验证了所给出解析公式的正确性。

2.2.3 优化设计

为了降低时延、功耗及占用面积,研究者们针对传统片上互连的优化设计开展了大量研究工作,例如改进布局布线算法以减小互连线电感、串扰等[45,46]。本节将简要介绍两种降低互连延迟和串扰的经典方法,即缓冲器插入和屏蔽线技术。

1. 缓冲器插入

从图 2.14 可知,当互连线增加到一定长度时,互连延迟与长度呈平方关系,即 $t \approx 0.38RCl^2$。此时,可采用缓冲器插入的方法来克服这种平方依赖关系,如图 2.15 所示。通过选取适宜的缓冲器尺寸和数量将互连线分段,令每段互连线的延迟都与长度保持为线性或超线性关系。为了得到最小总延迟,设缓冲器的尺寸和数目分别为 h 和 k,求解微分方程

$$\frac{\partial t_{\text{total}}(h,k)}{\partial h} = 0 \tag{2.41}$$

$$\frac{\partial t_{\text{total}}(h,k)}{\partial k} = 0 \tag{2.42}$$

通过数值推导可以得到 h 和 k 最优解为[24]

$$h_{\text{opt}} = \sqrt{\frac{R_{\text{d0}}C}{RC_{\text{L0}}}}\left[1 + 0.16\left(\frac{L/R}{R_{\text{d0}}C_{\text{L0}}}\right)^{1.5}\right]^{-0.24} \tag{2.43}$$

$$k_{\text{opt}} = \sqrt{\frac{RCl^2}{2R_{\text{d0}}C_{\text{L0}}}}\left[1 + 0.18\left(\frac{L/R}{R_{\text{d0}}C_{\text{L0}}}\right)^{1.5}\right]^{-0.3} \tag{2.44}$$

其中,R_{d0} 和 C_{L0} 为最小尺寸缓冲器的输出电阻和输入电容,即图 2.15 中所插入缓冲器的输入电阻和输出电容分别为 R_{d0}/h 和 hC_{L0}。

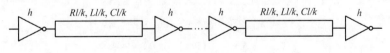

图 2.15 缓冲器插入

以上给出的优化算法是基于延迟约束的,此后研究者们又分别发展了基于功耗约束[47]和基于延迟-带宽约束[48]的缓冲器插入优化算法。

2. 屏蔽线

为了避免感性和容性耦合引起的噪声问题,在高性能微处理器中经常采用屏蔽技术,在两根耦合的全局层互连线中间插入屏蔽线来减小互感和耦合电容,如图 2.16 所示。美国罗彻斯特大学学者针对耦合全局层互连线,研究了插入屏蔽线的数目和位置对抑制串扰的作用。图 2.17 显示了分别考虑在耦合信号线之间插入一根屏蔽线、在两侧插入两根屏蔽线以及插入三根屏蔽线的情况。

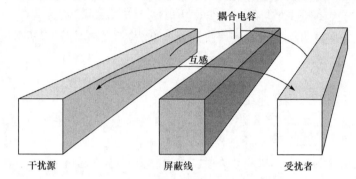

图 2.16　在耦合互连线中间插入屏蔽线

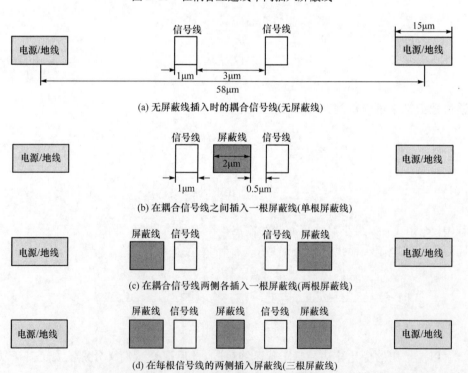

图 2.17　插入屏蔽线的不同结构(其中互连线长度为 $5000\mu m$)[49]

　　表 2.1 给出了不同屏蔽线形式对串扰噪声的作用,可以发现互连线自感也随着插入屏蔽线数目的增加而下降。显然,在耦合信号线之间插入屏蔽线比在两侧插入屏蔽线更能有效地抑制互感,而在两侧插入屏蔽线无法抑制信号线间的容性耦合。虽然这两种结构中串扰噪声较为接近,但在信号线之间插入的形式仅需一根屏蔽线。插入三根屏蔽线虽然能够最大化地抑制串扰噪声,但会占用更多的芯片面积。

表 2.1　不同形式屏蔽线插入对有效互感和串扰噪声的作用[49]

屏蔽线数目	有效电感/nH		串扰噪声/%V_{dd}
	互感	自感	
无	2.655	4.839	36.83%
一根	0.089	2.273	15.15%
两根	0.437	2.118	15.06%
三根	−0.045	1.636	9.61%

2.3　面临的挑战

　　尽管针对传统片上互连已有研究人员开展了大量研究,提出很多技术来改善其性能和可靠性,但这些技术都只能暂时缓解互连极限难题,无法根除传统片上互连面临的性能极限难题。本节将讨论随着集成电路特征尺寸的缩小,传统片上互连所面临的一些主要挑战。

　　铜互连线实际上是由外形不规则的晶粒组成的,电子在通过晶界或碰撞到表面时都会受到散射,如图 2.18 所示。当互连线尺寸和晶粒尺寸远大于电子平均自由程时,表面和晶界散射问题并不突出,可以忽略它们的影响。然而,伴随着集成电路特征尺寸的缩小,互连线截面尺寸和晶粒尺寸开始接近甚至小于电子平均自由程,电子出现表面散射和晶界散射的概率越来越大,这导致铜互连线的电阻率急剧增大[50]。

　　根据 Fuchs-Sondheimer 模型和 Mayadas-Shatzkes 模型可以得到铜互连线的电阻率为[51]

$$\rho_{Cu} = \rho_0 \left[G(\alpha) + 0.45\lambda(1-p)\left(\frac{1}{t}+\frac{1}{w}\right) \right] \tag{2.45}$$

其中

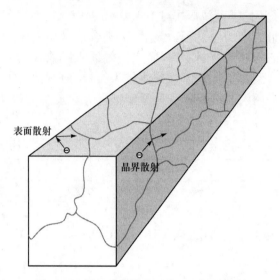

图 2.18　铜互连线的电子表面和晶界散射

$$G(\alpha) = \frac{1}{3}\left[\frac{1}{3} - \frac{\alpha}{2} + \alpha^2 - \alpha^3 \ln\left(1 + \frac{1}{\alpha}\right)\right]^{-1} \tag{2.46}$$

$$\alpha = \frac{\lambda}{d_g}\frac{R_{grain}}{1 - R_{grain}} \tag{2.47}$$

其中，ρ_0 为体电阻率；λ 为电子平均自由程；R_{grain} 为晶界上的反射系数；d_g 为晶粒尺寸，一般在纳米尺度互连线中认为 $d_g = w$；p 为镜面系数，反映了互连线表面与扩散垒间的散射程度，一般在 0 到 1 之间。

当电子碰撞到表面发生漫散射时 $p = 0$，而在表面发生镜面反射时 $p = 1$，如图 2.19 所示。

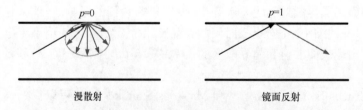

图 2.19　铜互连线表面的漫散射和镜面反射

随着互连线尺寸的缩小，表面散射和晶界散射的影响越来越大，互连线的电阻率急剧增大，如图 2.20 所示。

除了表面散射和晶界散射的影响，扩散垒的影响也随着互连线尺寸的缩小而不断增大。扩散垒是一层包裹住铜导线的高阻材料，主要用来防止铜原子扩

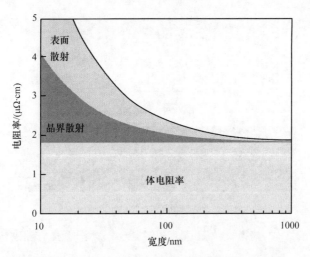

图 2.20 铜互连线电阻率随尺寸减小的变化趋势[6]

散到介质层和衬底中。由于扩散垫垒的厚度无法像互连线尺寸一样缩小,在纳米互连线中将占据更大比例的截面积,导致互连线传输电流的有效截面积缩小,电阻率进一步增大。

与扩散垫垒类似,互连线的边缘粗糙度(line edge roughness,LER)也无法随制程节点的推进按比例缩小,它主要取决于光刻工艺的控制。研究表明,40nm 宽的互连线其宽度将有 15nm 的变化,即互连线的宽度在 25nm 和 55nm 之间变化[52]。针对图 2.21 给出的互连线模型,美国佐治亚理工学院的 Lopez 博士等[53]对式(2.45)进行了修正,得到考虑线边缘粗糙度的铜互连线有效电阻率解析公式:

$$\rho_{Cu}=\frac{\rho_0}{\sqrt{1-(u/w_0)^2}}\left\{G(\alpha)++0.45\lambda(1-p)\left\{\frac{1}{t_0}+\frac{1}{w_0[1-(u/w_0)^2]}\right\}\right\}$$

$$(2.48)$$

其中,w_0 和 t_0 为铜互连线的有效宽度和厚度;u 为线边缘粗糙度,表示线宽将沿着长度方向在 $w'(=w_0-u/2)$ 和 $w''(=w_0+u/2)$ 之间变化,如图 2.21 所示。

图 2.22 给出了考虑线边缘粗糙度影响的铜互连线电阻率随宽度的变化曲线,可以看到国际半导体技术路线图的预测是基于互连线宽度没有变化的理想模型。当考虑线边缘粗糙度影响时,铜互连线的有效电阻率将进一步增大。

更重要的是,传统铜互连线通过的电流密度随着截面积的缩小不断增大,已接近并将超过铜材料的最大可承载电流密度,而电阻率增大加剧了自热效应,使传统片上互连的可靠性问题愈发突出。以上这些问题的出现说明传统片上互连技术的发展已遇到瓶颈,必须探索材料、结构等方面的新技术来缓解互连极限难题,推进集成电路的发展。

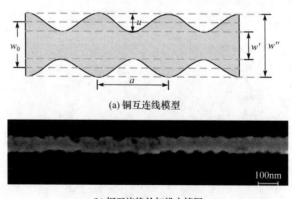

(a) 铜互连线模型

(b) 铜互连线的扫描电镜图

图 2.21　考虑线边缘粗糙度的铜互连线模型和扫描电镜图[53]

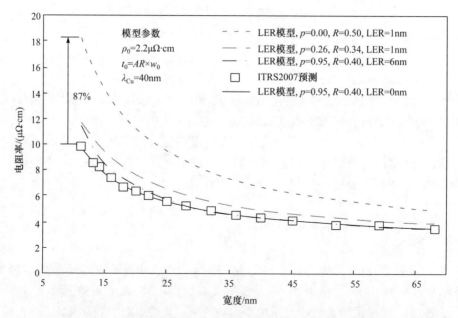

图 2.22　考虑线粗糙边缘度的互连线电阻率随宽度的变化曲线[53]

参 考 文 献

[1] Ryan J G, Geffken R M, Poulin N R, et al. The evolution of interconnection technology at IBM[J]. IBM Journal of Research and Development, 1995, 39(4): 371-381.

[2] Hu C K, Harper J M E. Copper interconnect: Fabrication and reliability[C]. Proceedings of the IEEE International Symposium on VLSI Technology, Systems, and Applications, Taipei, 1997.

[3] Davis J A, Venkatesan R, Kaloyeros A, et al. Interconnect limits on gigascale integration (GSI)in the 21st century[J]. Proceedings of the IEEE,2001,89(3):305-324.

[4] International Technology Roadmap for Semiconductors(ITRS). ITRS reports[EB/OL]. http://www. itrs2. net/itrs-reports. html[2016-7-10].

[5] Kaanta C W,Bombardier S G,Cote W J,et al. Dual damascene:A ULSI wiring technology[C]. Proceedings of the IEEE International VLSI Multilevel Interconnect Conference,Santa Clara, 1991.

[6] de Orio R L. Electromigration Modeling and Simulation[D]. Wien:Technischen Universität Wien,2010.

[7] Davis J A,Meindl J D. Compact RLC interconnect models—Part Ⅰ:Single line transient, time delay, and overshoot expressions[J]. IEEE Transactions on Electron Devices, 2000, 47(11):2068-2077.

[8] Salman E,Friedman E. High Performance Integrated Circuit Design[M]. New York:McGraw Hill Professional,2012.

[9] Li X C,Mao J F,Huang H F,et al. Global interconnect width and spacing optimization for latency,bandwidth and power dissipation[J]. IEEE Transactions on Electron Devices,2005, 52(10):2272-2279.

[10] Davis J D,Meindl J D. Compact distributed RLC interconnect models—Part Ⅱ:Coupled line transient expressions and peak crosstalk in multilevel networks[J]. IEEE Transactions on Electron Devices,2000,47(11):2078-2087.

[11] Magen N,Kolodny A,Weiser U,et al. Interconnect-power dissipation in a microprocessor[C]. Proceedings of the International Workshop on System Level Interconnect Prediction, Paris,2004.

[12] Chen G,Friedman E G. Low-power repeaters driving RC and RLC interconnects with delay and bandwidth constraints[J]. IEEE Transactions on Very Large Scale Integration Systems,2006,14(2):161-172.

[13] Davis J A,Meindl J D. Interconnect Technology and Design for Gigascale Integration[M]. Columbus:Springer Science & Business Media,2012.

[14] Gambino J P,Lee T C,Chen F,et al. Reliability challenges for advanced copper interconnects:Electromigration and time-dependent dielectric breakdown(TDDB)[C]. Proceedings of the 16th International Symposium on the Physical and Failure Analysis of Integrated Circuits,Suzhou,2009.

[15] Rosenberg R,Edelstein D C,Hu C K,et al. Copper metallization for high performance silicon technology[J]. Annual Review of Materials Science,2000,30(30):229-262.

[16] Knowlton B D,Clement J J,Thompson C V. Simulation of the effects of grain structure and grain growth on electromigration and reliability of interconnects[J]. Journal of Applied Physics,1997,81(9):6073-6080.

[17] Ogawa E T,Lee K D,Blaschke V A,et al. Electromigration reliability issues in dual-dama-

scene Cu interconnections[J]. IEEE Transactions on Reliability,2002,51(4):403-419.

[18] Banerjee K,Mehrotra A. Global (interconnect) warming[J]. IEEE Circuits and Devices Magazine,2001,17(5):16-32.

[19] Chen S F,Lin J H,Lee S Y,et al. Investigation of new stress migration failure modes in highly Cu/low-k interconnects[C]. Proceedings of the International Reliability Physics Symposium,Anaheim,2012.

[20] Pozar D M. Microwave Engineering[M]. New York:John Wiley & Sons,2009.

[21] Wang G,Qi X,Yu Z,et al. Device level modeling of metal-insulator-semiconductor interconnects[J]. IEEE Transactions on Electron Devices,2001,48(8):1672-1682.

[22] Wang G,Dutton R W,Rafferty C S. Device-level simulation of wave propagation along metal-insulator-semiconductor interconnects[J]. IEEE Transactions on Microwave Theory and Techniques,2002,50(4):1127-1136.

[23] Ismail Y I,Friedman E G,Neves J L. Figures of merit to characterize the importance of on-chip inductance[J]. IEEE Transactions on Very Large Scale Integration System,1999,7(4):442-449.

[24] Ismail Y I,Friedman E G. Effects of inductance on the propagation delay and repeater insertion in VLSI circuits[J]. IEEE Transactions on Very Large Scale System Systems,2000,8(2):195-206.

[25] Mitsuhashi T,Yoshida K. A resistance calculation algorithm and its application to circuit extraction[J]. IEEE Transactions on Computer-Aided Design of Integrated Circuits and Systems,1987,6(3):337-345.

[26] Horowitz M,Dutton R W. Resistance extraction from mask layout data[J]. IEEE Transactions on Computer-Aided Design of Integrated Circuits and Systems,1983,2(3):145-150.

[27] Wang G,Pan G,Gilbert B G. A hybrid wavelet expansion and boundary element analysis for multiconductor transmission lines in multilayered dielectric media[J]. IEEE Transactions on Microwave Theory and Techniques,1995,43(3):664-675.

[28] Wang B Z,Wang Y,Yu W,et al. A hybrid 2-D ADI-FDTD subgridding scheme for modeling on-chip interconnects[J]. IEEE Transactions on Advanced Packaging,2001,24(4):528-533.

[29] Dyson F J. Electron spin resonance absorption in metals. II. Theory of electron diffusion and the skin effect[J]. Physical Review,1955,98(2):349-359.

[30] Chen G,Zhu H,Cui T,et al. ParAFEMCap:A parallel adaptive finite-element method for 3-D VLSI interconnect capacitance extraction[J]. IEEE Transactions on Microwave Theory and Techniques,2012,60(2):218-231.

[31] Yu W,Zhang M,Wang Z. Efficient 3-D extraction of interconnect capacitance considering floating metal fills with boundary element method[J]. IEEE Transactions on Computer-Aided Design of Integrated Circuits and Systems,2006,25(1):12-18.

[32] Stellari F,Lacaita L A. New formulas of interconnect capacitance based on results of conformal mapping method[J]. IEEE Transactions on Electron Devices,2000,47(1):222-231.

[33] Zhao W,Li X,Gu S,et al Field-based capacitance modeling for sub-65-nm on-chip interconnect[J]. IEEE Transactions on Electron Devices,2009,56(9):1862-1872.

[34] Bogatin E. Signal Integrity:Simplified[M]. New Jersey:Prentice Hall Professional,2004.

[35] Cao Y, Huang X, Sylvester D, et al. Impact of on-chip interconnect frequency-dependent R(f)L(f)on digital and RF design[J]. IEEE Transactions on Very Large Scale Integration Systems,2005,13(1):158-162.

[36] Ruehli A E. Equivalent circuit models for three-dimensional multiconductor systems[J]. IEEE Transactions on Microwave Theory and Techniques,1974,22(3):216-221.

[37] Kamon M,Tsuk M J,White J K. FASTHENRY:A multiple-accelerated 3-D inductance extraction program[J]. IEEE Transactions on Microwave Theory and Techniques, 1994, 42(9):1750-1758.

[38] Grover F W. Inductance Calculations:Working Formulas and Tables[M]. New York:Courier Corporation,2004.

[39] Qi X. High frequency characterization and modeling of on-chip interconnects and RF IC wire bonds[D]. Palo Alto:Standford University,2001.

[40] Banerjee K,Mehrotra A. Analysis of on-chip inductance effects for distributed RLC interconnects[J]. IEEE Transactions on Computer-Aided Design of Integrated Circuits and Systems,2002,21(8):904-915.

[41] Ohsuki T,Ruehli A E,Hartenstein R. Circuit Analysis,Simulation and Design[M]. Amsterdam:Elsevier Science Publishers,1987.

[42] Rakheja S, Naeemi A. Interconnects for novel state variables:Performance modeling and device and circuit implications[J]. IEEE Transactions on Electron Devices,2010,57(10): 2711-2718.

[43] Venkatesan R,Davis J A,Meindl J D. Compact distributed RLC interconnect models—Part III:Transients in single and coupled lines with capacitive load termination[J]. IEEE Transactions on Electron Devices,2003,50(4):1081-1093.

[44] Venkatesan R,Davis J A,Meindl J D. Compact distributed RLC interconnect models—Part IV: Unified models for time delay,crosstalk, and repeater insertion[J]. IEEE Transactions on Electron Devices,2003,50(4):1094-1102.

[45] Cong J,He L,Koh C K, et al. Performance optimization of VLSI interconnect layout[J]. Integration the VLSI Journal,1996,21(1):1-94.

[46] Jiang I H R,Chang Y W,Jou J Y. Crosstalk-induced interconnect optimization by simultaneous gate and wire sizing[J]. IEEE Transactions on Computer-Aided Design of Integrated Circuits and Systems,2000,19(9):999-1010.

[47] Banerjee K,Mehrotra A. A power-optimal repeater insertion methodology for global interconnects in nanometer designs[J]. IEEE Transactions on Electron Devices,2002,49(11): 2001-2007.

[48] Chen G,Friedman E G. Low-power repeaters driving RC and RLC interconnects with delay

and bandwidth constraints[J]. IEEE Transactions on Very Large Scale Integration Systems,2006,14(2):161-172.

[49] Zhang J,Friedman E G. Crosstalk modeling for coupled RLC interconnects with application to shield insertion[J]. IEEE Transactions on Very Large Scale Integration Systems,2006, 14(6):641-646.

[50] Banerjee K,Souri S J,Kapur P,et al. 3-D ICs:A novel chip design for improving deep-sub-micrometer interconnect performance and system-on-chip integration[J]. Proceedings of the IEEE,2001,89(5):602-633.

[51] Im S,Srivastava N,Banerjee K,et al. Scaling analysis of multilevel interconnect temperature for high-performance ICs[J]. IEEE Transactions on Electron Devices, 2005, 52 (12): 2710-2719.

[52] Steinhögl W,Schindler G,Steinlesberger G,et al. Impact of line edge roughness on the resistivity of nanometer-scale interconnects[J]. Microelectronic Engineering, 2004, 76 (1): 126-130.

[53] Lopez G,Davis J,Meindl J D. A new physical model and experimental measurements of copper interconnect resistivity considering size effects and ling-edge roughness(LER)[C]. Proceedings of the IEEE International Interconnect Technology Conference,Sapporo,2009.

第 3 章　碳纳米材料

1991 年日本学者饭岛澄男在使用高分辨率电子显微镜观察电弧蒸发石墨产物时,意外发现了碳纳米管(carbon nanotube,CNT)[1]。针对碳纳米管,学术界和工业界现在已开展了大量研究工作,其在有源和无源器件方面的应用前景也令人振奋[2-4]。继碳纳米管之后,英国曼彻斯特大学 Novoselov 等于 2004 年从石墨中分离出石墨烯(graphene)[5],进一步推动了碳纳米材料的研究热潮。Geim 和 Novoselov 也因"在二维石墨烯研究中的开创性实验"获得 2010 年诺贝尔物理学奖[6]。本章将主要介绍低维碳纳米材料的物理特性和制备方法等,基于石墨烯独特的物理特性对能带结构和导电性进行分析。

3.1　碳纳米材料的物理特性

如图 3.1 所示,碳原子按不同方式排列可以得到不同的材料,这些材料按结构延展性分为零维(富勒烯)、一维(碳纳米管)、二维(石墨烯)和三维(石墨和金刚石)材料[7]。其中,石墨烯是碳原子以 sp^2 杂化轨道组成蜂巢晶格的单层二维晶体,这种结合比金刚石中的 sp^3 轨道结合要强。石墨烯是已知最坚硬、最薄的纳米材料[8],几乎完全透明。常温下石墨烯的电子迁移率超过 15000 $cm^2/(V \cdot s)$,远远大于传统硅晶体的迁移率;石墨烯的电阻率约为 10^{-6} $\Omega \cdot cm$,比铜和银都低。碳纳米管可以看成卷起的石墨烯带,因此两者具有相似的物理特性[9,10]。根据壁数,碳纳米管可分为单壁碳纳米管(single-walled CNT,SWCNT)和多壁碳纳米管

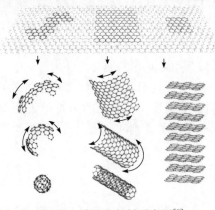

图 3.1　碳纳米材料示意图[7]

(multi-walled CNT,MWCNT),多壁碳纳米管中邻近层的间距一般为 0.34nm,即范德瓦尔斯间距。

随着集成电路的特征尺寸进入纳米尺度,传统铜互连线的电阻率、电流密度和温度的上升会带来严重的性能恶化和可靠性问题。以石墨烯和碳纳米管为代表的碳纳米材料具有优良的物理特性,它们的最大可承载电流密度和热导率都远高于传统金属材料,如表 3.1 所示。碳纳米材料能够满足下一代集成电路中互连线的性能需求,特别是能够显著提高系统的可靠性,因此具有极为广阔的应用前景[11]。

表 3.1　碳纳米材料的物理特性[10]

物理特性		铜	单壁碳纳米管	多壁碳纳米管	石墨烯(或石墨烯纳米带)
最大可承载电流密度/(A/cm²)		10^7	$>10^9$	$>10^9$	$>10^8$
熔点/K		1356		3773(石墨)	
抗拉强度/GPa		0.22	22.2 ± 2.2	$11\sim63$	—
热导率/[$\times10^3$ W/(m・K)]		0.385	$1.75\sim5.8$	3	$3\sim5$
常温下的电子平均自由程/nm		40	$>10^3$	2.5×10^4	10^3
电阻热系数/($\times10^{-3}$/K)		4	<1.1	-1.37	-1.47
工艺水准	薄膜/水平导线	成熟	未知	新兴阶段	已知但未成熟
	垂直通孔	成熟	新兴阶段	已知	未知

3.2　碳纳米材料的制备方法

以碳纳米管为例,碳纳米材料的制备需要在一定的压力和温度条件下,将碳源材料(如 CH₄、CO 等)中的碳原子分解出来,进而合成为碳纳米管。因此,碳纳米管的生长过程通常需要高温密封环境,这阻碍了它与传统 CMOS 工艺的集成。相比于碳纳米管,碳纳米纤维同样具有较大的电流承载能力,且不需要高温环境生长。但碳纳米纤维的结构决定了它的电阻率较高,对系统性能空间提升有限,因此仍需继续探索碳纳米管和石墨烯互连的制备方法。

目前,多壁碳纳米管的制备技术较为成熟,碳纳米管的直径和生长方向易于控制,而单壁碳纳米管的制备难度较大。到目前为止得到的单根单壁碳纳米管的最小直径约为 0.4nm[12],最大长度达到 40 mm[13]。碳纳米管的制备方法主要有以下三种[14]。

1. 化学气相沉积法

一般在高温(500~1000 ℃)密封腔内,通过烃类或碳氧化物在金属催化剂

（如铁、镍和钴等）作用下分解得到碳纳米管，如图 3.2 所示。其中，催化剂、碳源气体和反应温度等条件决定产量和性能。化学气相沉积法设备简单、操作方便、工艺参数易控、适宜大规模生产、产率较高，是多壁碳纳米管合成的主要方法。

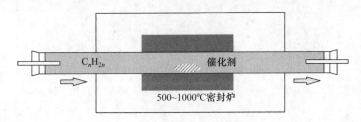

图 3.2　化学气相沉积设备简图[15]

2. 电弧法

高温真空环境中，通过在两个掺杂催化剂的石墨电极之间加入强电场，可以得到碳原子的等离子电弧。随着放电阳极石墨的蒸发，碳等离子体受阴极吸引而沉积，从而得到碳纳米管，称为电弧法。这种方法简单快速，得到的碳纳米管直，结晶度高，主要用于生产单壁碳纳米管。然而，电弧温度高达 $3000\sim3700$ ℃，易烧毁碳纳米管，因此电弧法的产量不高且有大量杂质。

3. 激光蒸发法

激光蒸发法是利用激光束照射到含有催化剂的石墨靶上将其蒸发，同时结合一定反应气体，在衬底和反应腔壁上沉积得到碳纳米管的方法。这种方法易于连续生产，但制备的碳纳米管纯度低，难以推广。

石墨烯的制备方法与碳纳米管类似，通常采用化学气相沉积法制备大面积、导电性可控的石墨烯。在制备高质量石墨烯时可采用机械剥离法，用胶带粘住高定向热解石墨片的两侧，反复剥离，直到分离出石墨烯[16]。机械剥离法产量小，仅适于对石墨烯质量要求较高的情况使用（如基础研究阶段）。此外，还可通过加热碳化硅、外延生长方式制备单层和多层石墨烯[17]，这种技术对制造基于石墨烯的微波/射频电路非常重要。对于石墨烯纳米带（graphene nano-ribbon，GNR）的加工，还有一种氧化还原方法，称为碳纳米管纵切法，如图 3.3 所示。这种方法采用等离子体刻蚀等方法处理切断碳纳米管表面的成键，将碳纳米管纵向"切开"，从而得到尺寸可控、边缘整齐的石墨烯纳米带[18]。

图 3.3　碳纳米管纵切法示意图及使用该方法得到的石墨烯纳米带[18]

3.3　一维碳纳米材料的电学特性

片上互连的应用中主要考虑一维碳纳米管,而纵向切割碳纳米管可以批量生产石墨烯纳米带,显然石墨烯纳米带也可以看成一维材料,用于构造片上互连线。因此,这里主要讨论碳纳米管和石墨烯纳米带这两种一维碳纳米材料,如图 3.4 所示。本节将从二维石墨烯的原子结构出发,通过第一布里渊区和一维碳纳米的结构特性得到它们的能带曲线,进一步计算得到有效导电沟道数,分析电学特性。

图 3.4　石墨烯纳米带、单壁和多壁碳纳米管[9]

3.3.1　石墨烯的能带结构

图 3.5 给出了石墨烯的原子结构,其中 $a(=0.142\mathrm{nm})$ 为碳原子间距。从图中看到,石墨烯纳米带可由石墨烯切割得到,而碳纳米管可以看成沿着矢量 C 卷起的石墨烯纳米带,手征特性由 C 定义:

$$C = na_1 + ma_2 \tag{3.1}$$

石墨烯中,每个六角型蜂巢晶格中包含着两个不同的碳原子,分别用 A 和 B 表示,因此晶格矢量 a_1 和 a_2 分别为

$$a_1 = \frac{a}{2}(3, \sqrt{3}) \tag{3.2}$$

$$\boldsymbol{a}_2 = \frac{a}{2}(3, -\sqrt{3}) \tag{3.3}$$

其中，n 和 m 为碳纳米管的手征指数。

碳纳米管的直径 D 也可由矢量 $\boldsymbol{C}$ 得到

$$D = \frac{|\boldsymbol{C}|}{\pi} = \frac{\sqrt{3}a}{\pi}\sqrt{n^2 + m^2 + nm} \tag{3.4}$$

当 $n = m$ 时，碳纳米管为扶手椅型；当 n 或 m 为 0 时，碳纳米管为锯齿型；其余为手性碳纳米管。

手性碳纳米管是指这种碳纳米管与自身镜像不同且无法叠合，如同左右手一样。扶手椅型和锯齿型碳纳米管则属于非手性碳纳米管，能够与自身镜像叠合。通常手性碳纳米管的合成、分析和应用较为复杂，在此不过多讨论。碳纳米管的手征特性取决于截面圆周形状，石墨烯纳米带的手征特性取决于边缘形状，因此两者的手征特性在名称上是相反的。如图 3.5 所示，当碳纳米管为扶手椅型时，对应的石墨烯纳米带为锯齿型；反之，当碳纳米管为锯齿型时，石墨烯纳米带为扶手椅型。

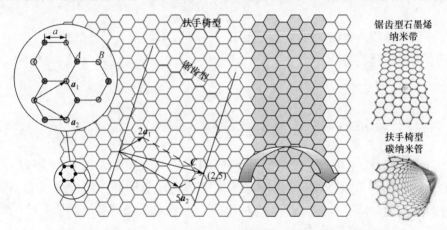

图 3.5 石墨烯的原子结构以及石墨烯纳米带、碳纳米管的分类

图 3.6 中给出了石墨烯的第一布里渊区，倒易空间格矢为

$$\boldsymbol{b}_1 = \frac{2\pi}{3a}(1, \sqrt{3}) \tag{3.5}$$

$$\boldsymbol{b}_2 = \frac{2\pi}{3a}(1, -\sqrt{3}) \tag{3.6}$$

对称点为

$$\boldsymbol{\Gamma} = (0, 0) \tag{3.7}$$

$$\boldsymbol{K} = \frac{2\pi}{3a}\left(1, \frac{1}{\sqrt{3}}\right) \tag{3.8}$$

$$\mathbf{M} = \left(\frac{2\pi}{3a}, 0\right) \tag{3.9}$$

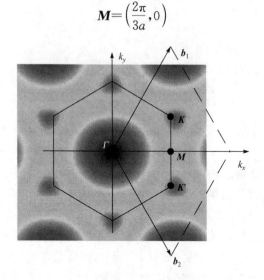

图 3.6　石墨烯的布里渊区

石墨烯独特的物理特性是由能带结构决定的,根据紧束缚近似模型可以计算得到石墨烯的能带关系为[19]

$$E_{\pm}(\mathbf{k}) = \pm\gamma\sqrt{3 + f(\mathbf{k})} - \gamma' f(\mathbf{k}) \tag{3.10}$$

$$f(\mathbf{k}) = 4\cos\left(\frac{3}{2}k_{xa}\right)\cos\left(\frac{\sqrt{3}}{2}k_y a\right) + 2\cos(\sqrt{3}k_y a) \tag{3.11}$$

其中,正负号分别对应成键/反键带;$\mathbf{k}(=k_x\mathbf{x}+k_y\mathbf{y})$为二维空间中电子波函数的波矢;$\gamma(=0.27\text{eV})$为最近邻原子上 p_z 轨道之间的跃迁能量值,例如从子晶格 A 跃迁至最近的子晶格 B,$\gamma'(=-0.2\gamma)$为次近邻 p_z 轨道之间的跃迁能量值,即相同子晶格 AA 或 BB 之间的跃迁。

石墨烯的能带曲线在布里渊区的狄拉克点即 $\mathbf{K}$ 点附近呈线性关系:$E = v_F\hbar k$,其中 $v_F(\approx 8\times10^5\text{m/s})$ 为电子的费米速度,$\hbar$ 为约化普朗克常量,如图 3.7 所示。因此,石墨烯中的电子常被称为无质量狄拉克费米子,它的行为更像光子而不像有质量的电子[20]。在 $\mathbf{K}$ 点附近可以设 $\gamma'=0$,此时能带曲线关于 $\mathbf{K}$ 点对称,能带关系近似为

$$E_{\pm}(\mathbf{k}) = \pm\gamma\sqrt{3 + f(\mathbf{k})} \tag{3.12}$$

3.3.2　纳米线的能带结构

将石墨烯应用于纳米互连线时,需按照特定样式进行切割,得到石墨烯纳米带

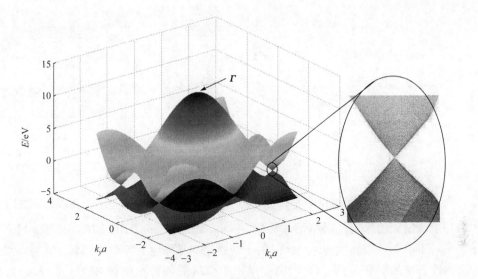

图 3.7　石墨烯的能带结构

（或卷起得到碳纳米管）。石墨烯纳米带和碳纳米管都可以看成纳米线,即横向上尺寸小于 100nm 的一维结构。

以宽度为 W、长度为 l 的扶手椅型石墨烯纳米带（armchair GNR, ac-GNR）为例（如图 3.8(a)所示）,当用于互连线时,纵向为周期结构,横向为有限结构,因此晶格常数为 $a_0 = 3a$。$k_\perp$ 和 $k_\parallel$ 分别为波矢 $\boldsymbol{k}$ 的横向和纵向分量。石墨烯纳米带横向上的有限宽度导致 $k_\perp$ 量子化,由 $\sin(k_\perp W) = 0$ 可以得到 $k_\perp = i\pi/W$,其中 i 为整数。将 $k_\perp$ 代入式(3.12),可以得到扶手椅型石墨烯纳米带在 $k_\parallel$（第一布里渊区边界为 $k_\parallel = \pi/a_0$）方向上的能带曲线,如图 3.8(b)所示。研究表明,当石墨烯纳米带纵向上的碳原子数目 $n = 3q + 2$（其中 q 为正整数）时,扶手椅型石墨烯纳米带的能带闭合,表现出金属性;当 $n = 3q$ 或 $n = 3q + 1$ 时,扶手椅型石墨烯纳米带表现出半导体性[21],如图 3.9 所示。

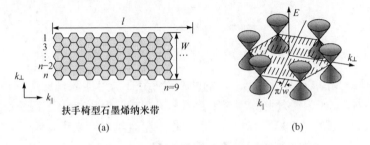

图 3.8　扶手椅型石墨烯纳米带示意图和第一布里渊区

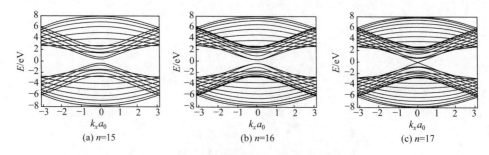

$$\text{(a) } n=15 \qquad\qquad \text{(b) } n=16 \qquad\qquad \text{(c) } n=17$$

图 3.9　扶手椅型石墨烯纳米带的能带曲线图

与扶手椅型石墨烯纳米带不同,锯齿型石墨烯纳米带(zigzag GNR, zz-GNR)和扶手椅型碳纳米管的晶格常数为 $a_0 = \sqrt{3}a$,如图 3.10 所示。同样,纵向分量 $k_\parallel$ 在第一布里渊区边界为 πa_0。此时由于边缘态的影响,锯齿型石墨烯纳米带无法用二维石墨烯的能带关系得到,需要用紧束缚近似理论数值计算[19]。图 3.11(a)所示为锯齿型石墨烯纳米带的能带曲线图,锯齿型石墨烯纳米带的能带曲线在 $2\pi/3 < |k_\perp a_0| < \pi$ 区间内,导带底部与价带顶部发生简并,形成平带,故锯齿型石墨烯纳米带通常表现出金属性。在其他区间,锯齿型石墨烯纳米带的能带曲线与式(3.12)得到的结果一致,此处锯齿型石墨烯纳米带的宽度与图 3.9 中扶手椅型石墨烯纳米带的宽度相同。图 3.11(b)所示为与锯齿型石墨烯纳米带对应的扶手椅型碳纳米管的能带曲线,能带在 $|k_\perp a_0| = 2\pi/3$ 处闭合,扶手椅型碳纳米管表现为金属性。

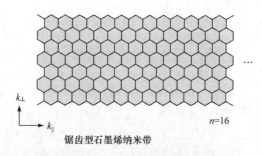

锯齿型石墨烯纳米带

图 3.10　锯齿型石墨烯纳米带示意图

虽然扶手椅型石墨烯纳米带和锯齿型碳纳米管都可能表现为半导体性,但当碳纳米材料尺寸较大时(例如,碳纳米管直径等于或大于 20nm),它们还是可以看成是金属性的。如图 3.12 所示,对于(256,0)锯齿型碳纳米管来说,室温($T = 300$ K)下导带最低点 E_c 与费米能级 E_F 的差值接近甚至小于热能 $k_B T$,其中 $k_B (= 1.38 \times 10^{-23} \text{J/K})$ 为波尔兹曼常量。这表明在环境温度的影响下,可以忽略碳纳米管中的能级差[22],在一定条件下,半导体性碳纳米材料也可用于传导电流,构造片上互

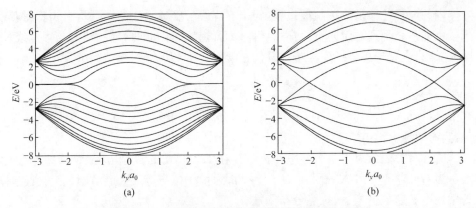

图 3.11　石墨烯纳米带与碳纳米管的能带曲线图

连。因此,多壁碳纳米管和石墨烯带通常都是金属性的,只有单壁/双壁碳纳米管和石墨烯纳米带才需要根据结构判定其导电性。

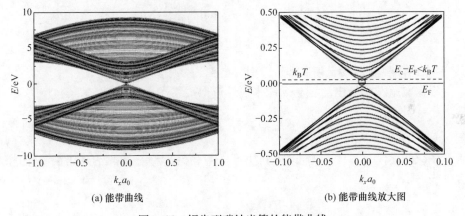

图 3.12　锯齿型碳纳米管的能带曲线

　　研究发现,石墨烯纳米带的能带结构易受衬底的影响,导致紧束缚近似理论不再成立[23]。在石墨烯纳米带与衬底的交界处积聚了电荷,这些电荷改变了石墨烯与衬底之间的功函数差,影响了石墨烯纳米带的费米能级[24]。为简化问题,一般假设石墨烯纳米带放置于适宜的衬底上,且对于多层石墨烯纳米带来说,衬底仅能影响到底部几层,因此在后续研究中可以忽略衬底对石墨烯纳米带的影响。在研究碳纳米管互连时也会忽略它的自掺杂效应,这种效应是由碳纳米管在纳米尺度上的弯曲及原子键的尺寸效应引起的。

3.3.3　纳米线的导电性

　　在石墨烯纳米带和碳纳米管这样的纳米线结构中,电子传输可能是弹道输运,也可能是扩散输运,这取决于纳米线长度和电子平均自由程的大小。一般条件下,导体内的电子迁移是一种扩散过程，但当互连线长度远小于电子平均自由程时，载流子可能不会受到散射而直接穿过导体，即弹道输运。此时，导电特性与互连线长度无关，只存在理想电子库与窄物理沟道接触产生的量子接触电阻[20]

$$R_Q = \frac{h}{2e^2}\frac{1}{N_{ch}} \approx 12.9\,\frac{1}{N_{ch}}\,k\Omega \tag{3.13}$$

其中，$h(=6.625 \times 10^{-34}\,\text{J}\cdot\text{s})$ 为普朗克常量；$e(=1.602 \times 10^{-19}\,\text{C})$ 为电子电荷；N_{ch} 为有效导电沟道数。

式(3.13)表示对于每个导电沟道都存在 12.9 kΩ 的接触电阻，纳米线电导可表示为 $G = 1/R_Q = G_0 N_{ch}$，其中 $G_0 = 2e^2/h$ 为量子电导。石墨烯纳米带与碳纳米管中的电子遵从费米-狄拉克分布函数

$$f(E) = \left[1 + \exp\left(\frac{E - E_F}{k_B T}\right)\right]^{-1} \tag{3.14}$$

据此可以得到导电沟道数为

$$N_{ch} = N_{ch,e} + N_{ch,h} = \sum_{i=1}^{n_C}\left[1 + e^{(E_i - E_F)/(k_B T)}\right]^{-1} + \sum_{i=1}^{n_V}\left[1 + e^{(E_F - E_i)/(k_B T)}\right]^{-1} \tag{3.15}$$

其中，右侧两项分别代表导带和价带对导电沟道数的贡献。

根据文献[24]给出的石墨烯能带线性近似关系：

$$E = \pm\hbar v_F\sqrt{k_x^2 + \left(k_y \mp \frac{4\pi}{3\sqrt{3}a}\right)^2} \tag{3.16}$$

将量子化的横向分量代入，可以得到扶手椅型和锯齿型石墨烯纳米带的导带能级分别为[25]

$$E_i = \begin{cases} \Delta E|i|, & \text{金属性} \\ \Delta E|i+1/3|, & \text{半导体性} \end{cases} \tag{3.17}$$

$$E_i = \begin{cases} 0, & i=0 \\ \Delta E(|i|+1/2), & i \neq 0 \end{cases} \tag{3.18}$$

其中，$\Delta E = h v_F/(2W) = 2/W$，单位为 eV/nm，价带中各子带的最高能级取负值。

事实上，锯齿型石墨烯纳米带并不总是金属性的，考虑到电子简并时交错的子晶格电势会引入带隙，带隙的大小约为 0.933/(W+1.5)，式(3.18)修正为[26]

$$E_i = \begin{cases} 0.467/(W+1.5), & i=0 \\ \Delta E(|i|+1/2), & i \neq 0 \end{cases} \tag{3.19}$$

锯齿型石墨烯纳米带的带隙仅在费米能级为 0 时具有较为明显的影响，如图 3.13 所示。由于带隙的大小与宽度呈反比关系，有效导电沟道数随着宽度的缩小而急剧减小。然而，随着费米能级的增大，锯齿型石墨烯纳米带中基本可以忽略带隙的影响。与碳纳米管类似，当石墨烯纳米带的宽度大于一定数值时，半导体

性的扶手椅型石墨烯纳米带也可用于传导电流。图 3.14 给出了宽度为 32nm 的扶手椅型石墨烯纳米带的能带曲线,其中导带的最低能级与费米能级的差值小于热能 k_BT,这表示即便在未掺杂条件下电子也可能受热激发影响而发生跃迁,即可以忽略带隙的影响。当费米能级等于或大于 0.1eV 时,导电性更加明显。因此,在一定条件下,即便多层石墨烯纳米带中有部分石墨烯层存在带隙,也不会影响整体的电流传导能力。此外,从图 3.13 中可以发现,金属性和半导体性扶手椅型石墨烯纳米带的有效导电沟道数略大于锯齿型石墨烯纳米带,在 N_{ch} 接近 1 时优势更加明显。

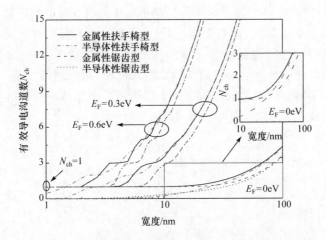

图 3.13 不同手征性石墨烯纳米带的有效导电沟道数

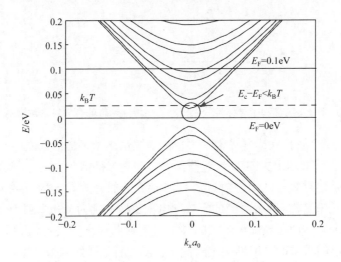

图 3.14 宽度为 32nm 的扶手椅型石墨烯纳米带的能带曲线

　　当石墨烯纳米带的宽度小于一定值时,半导体性石墨烯纳米带的有效导电沟道数趋向0,而金属性石墨烯纳米带的有效导电沟道数趋向于1。实际上,石墨烯纳米带的导电沟道数比金属性单壁碳纳米管的要小,但石墨烯纳米带的手征性更易控制,在水平方向上的加工与集成也有明显的优势,能够与传统 CMOS 工艺兼容。

　　在图 3.9 中可以看到,扶手椅型石墨烯纳米带的宽度对它的导电性有较大影响,宽度上相差 0.246nm 就可能导致它从金属性变为半导体性,在实际应用中,难以精确控制宽度来实现金属性石墨烯纳米带的制备。如图 3.15 所示,费米能级为 0eV 时,金属性和半导体性扶手椅型石墨烯纳米带的有效导电沟道数相差较大;当费米能级增大至 0.1eV 时,两者性能相近;费米能级增大至 0.6eV 时,即便宽度为 2nm 仍可得到导电性能优良的半导体性扶手型石墨烯纳米带。这说明制备金属性石墨烯纳米带的一个重要手段就是提高费米能级,费米能级大于一定值时就可以不再关注扶手椅石墨烯纳米带本身是金属性还是半导体性的,它们都可以用来构造片上互连线。

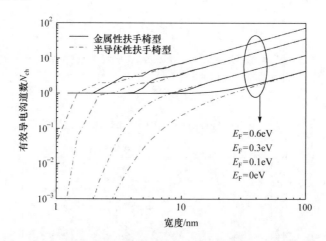

图 3.15　金属性和半导体性扶手椅型石墨烯纳米带的有效导电沟道数[25]

　　图 3.15 中金属性和半导体性扶手椅型石墨烯纳米带的曲线发生交错,这种现象可以用图 3.16 给出的能带曲线进行解释。当费米能级为 0 时,金属性扶手椅型石墨烯纳米带的有效导电沟道数为 1,而半导体性的有效导电沟道数为 0;当费米能级增大至 0.3eV 时,两者对应的有效导电沟道数分别为 1 和 2。因此,在图 3.15 中金属性和半导体性石墨烯纳米带的导电沟道数曲线出现交错,在宽度较小时半导体性石墨烯纳米带的导电性甚至略优于金属性石墨烯纳米带[25]。

　　此外,金属性扶手椅型石墨烯纳米带可能会受到边缘影响而产生带隙,这是因为在窄单层石墨烯纳米带中,边缘碳原子间距比中心碳原子间距大 3.5%。边缘

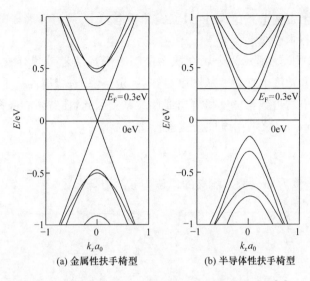

(a) 金属性扶手椅型　　　　　　(b) 半导体性扶手椅型

图 3.16　宽度为 4nm 时石墨烯纳米带的能带曲线[25]

影响产生的带隙大小为[26]

$$E_g = \frac{0.24\gamma}{1+q} \tag{3.20}$$

这个带隙同样与宽度成反比,式(3.17)可修正为

$$E_i = \begin{cases} 0.12\gamma/(1+q), & i=0 \\ \Delta E|i|, & i\neq 0 \end{cases} \tag{3.21}$$

图 3.17 给出了受边缘影响存在带隙的金属性扶手椅型石墨烯纳米带的有效导电沟道数,从中可以看出有效导电沟道数随费米能级的提高而急剧增大。因此,

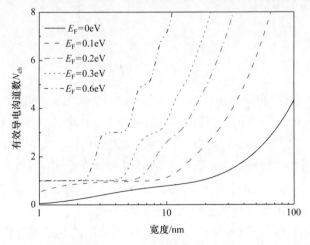

图 3.17　存在带隙的金属性扶手椅型石墨烯纳米带的有效导电沟道数[25]

利用石墨烯纳米带构造互连线时,为了提升导电能力,应当发展掺杂、边缘功能化等技术来提高费米能级[27]。

图 3.18(a)和(b)所示为金属性扶手椅型石墨烯纳米带的有效导电沟道数分别随费米能级和宽度的变化。从图中可知,一定条件下,金属性扶手椅型石墨烯纳米带的有效导电沟道数与宽度呈现出线性关系。因此,在费米能级大于 0.1eV、宽度为 10～100nm 时,可利用线性公式进行简化:

$$N_{ch} = \alpha E_F W \tag{3.22}$$

其中,宽度的单位为 nm,费米能级的单位为 eV;拟合参数 $\alpha = 1.2 \text{eV}^{-1} \cdot \text{nm}^{-1}$。

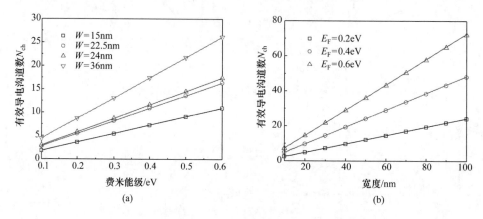

图 3.18　金属性扶手椅型石墨烯纳米带的有效导电沟道数

类似地,图 3.19 给出了宽度为 10～40nm 的锯齿型石墨烯纳米带的有效导电沟道数,研究发现也可使用解析公式对其进行简化,得到有效导电沟道数的线性公式:

$$N_{ch} = \begin{cases} a_1 W + a_2, & E_F = 0 \\ a_3 W E_F - a_4, & E_F \geqslant 0.1 \text{eV} \end{cases} \tag{3.23}$$

其中,$a_1 = 0.029 \text{nm}^{-1}$;$a_2 = 0.057$;$a_3 = 1.20 \text{eV}^{-1} \cdot \text{nm}^{-1}$;$a_4 = 0.82$。

图 3.18 和图 3.19 中的实线部分分别由式(3.22)和式(3.23)得到,符号则是通过数值求解式(3.15)得到,从图中可知式(3.22)和式(3.23)可以快速准确地得到石墨烯纳米带的有效导电沟道数。石墨烯纳米带的电子平均自由程受到边缘散射的影响,当边缘非镜面反射时仍需通过数值计算电阻值,因此式(3.22)和式(3.23)仅适用于边缘镜面反射的理想石墨烯纳米带。

与石墨烯纳米带不同,碳纳米管的截面为封闭结构,几乎不受边缘散射和衬底的影响。因此,通过计算推导可以得到适用范围更广的解析公式。(m,0)锯齿型

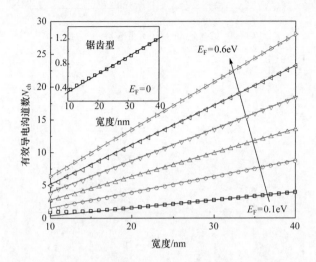

图 3.19　锯齿型石墨烯纳米带的有效导电沟道数随宽度的变化

碳纳米管中导带底和价带顶的能级可表示为[28]

$$E_i = E_{(k_x=0)} = \pm \frac{3ta_0}{D} \left| i - \frac{2}{3}m \right| \qquad (3.24)$$

其中，t 为相邻碳原子间的跃迁能；i 为小于 m 的整数。

　　将式(3.24)代入式(3.15)即可得到碳纳米管的有效导电沟道数，如图 3.20 所示。从图中可知金属性碳纳米管的有效导电沟道数明显大于半导体性的有效导电沟道数。有效导电沟道数随直径缩小而减小，当直径小于一定值时，有效导电沟道数趋于常数[29]。由于单壁碳纳米管的直径很小，有效导电沟道数一般为 2。多壁碳纳米管的情形则要复杂一些，在以前的研究中认为多壁碳纳米管只有接触电极的最外壁传导电流，内部管壁全部被屏蔽掉。后续研究发现，多壁碳纳米管中相邻管壁之间有导电路径[30]，即内部管壁也可参与到电流传导中，此时需要考虑多壁碳纳米管各管壁的导电能力。统计表明，一般生长条件下，碳纳米管束中有 1/3 为金属性，2/3 为半导体性。如图 3.20 所示，考虑金属性和半导体性碳纳米管的比例，对有效导电沟道数进行拟合，结合温度效应加以修正可以得到[31]

$$N_{ch}(D) \approx \begin{cases} 2/3, & D < D_T/T \\ b_1DT + b_2, & D > D_T/T \end{cases} \qquad (3.25)$$

其中，$D_T = 1300\text{nm} \cdot \text{K}$；$b_1 = 2.04 \times 10^{-4}\text{nm}^{-1} \cdot \text{K}^{-1}$；$b_2 = 0.425$。

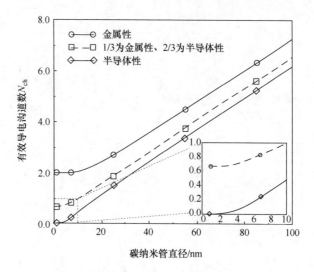

图 3.20　碳纳米管的有效导电沟道数[29]

参 考 文 献

[1] Iijima S. Helical microtubules of graphitic carbon[J]. Nature,1991,354(6348):56-58.

[2] Tan S J,Verschueren A R M,Dekker C. Room-temperature transistor based on a single carbon nanotube[J]. Nature,1998,393(6680):49-52.

[3] Shulaker M M, Hills G, Patil N, et al. Carbon nanotube computer[J]. Nature, 2013, 501(7468):526-530.

[4] Awano Y,Sato S,Nihei M,et al. Carbon nanotubes for VLSI:Interconnect and transistor applications[J]. Proceedings of the IEEE,2010,98(12):2015-2031.

[5] Novoselov K S,Geim A K,Morozov S V,et al. Electric field effect in atomically thin carbon films[J]. Science,2004,306(5696):666-669.

[6] 诺贝尔奖官网. Novel Prize in Physics for Graphene—'Two-Dimensional' Material[EB/OL]. http://www. nobelprize. org/[2012-01-01].

[7] Lee C,Wei X,Kysar J W,et al. Measurement of the elastic properties and intrinsic strength of monolayer graphene[J]. Science,2008,321(5887):385-388.

[8] Kuila T,Bose S,Mishra A K,et al. Chemical functionalization of graphene and its applications[J]. Progress in Materials Science,2012,57(7):1061-1105.

[9] Kreupl F,Graham A,Honlein W. A status report on technology for carbon nanotube devices[J]. Solid State Technology,2002,45(4):S9.

[10] Li H,Xu C,Srivastava N,et al. Carbon nanomaterials for next-generation interconnects and passives:Physics,status,and prospects[J]. IEEE Transactions on Electron Devices,2009, 56(9):1799-1821.

[11] Fatikow S,Eichhorn V,Bartenwerfer M. Nanomaterials enter the silicon-based CMOS era:

Nanorobotic technologies for nanoelectronic devices[J]. IEEE Nanotechnology Magazine, 2012,6(1):14-18.

[12] Qin L C, Zhao X, Hirahara K, et al. The smallest carbon nanotube[J]. Nature, 2000, 408 (6808):95-120.

[13] Zhang L X, O'Connell M J, Doorn S K, et al. Ultralong single-wall carbon nanotubes[J]. Nature Materials,2004,3(10):673-676.

[14] Wong H S P, Akinwande D. Carbon Nanotube and Graphene Device Physics[M]. New York:Cambridge University Press,2011.

[15] Javey A, Kong J. Carbon Nanotube Electronics[M]. New York:Springer,2009.

[16] 朱宏伟,徐志平,谢丹. 石墨烯——结构、制备方法与性能表征[M]. 北京:清华大学出版社,2011.

[17] Berger C, Song Z, Li X, et al. Electronic confinement and coherence in patterned epitaxial graphene[J]. Science,2006,312(5777):1191-1196.

[18] Kosynkin D V, Higginbotham A L, Sinitskii A, et al. Longitudinal unzipping of carbon nanotubes to form graphene nanoribbon[J]. Nature,2009,458(7240):872-876.

[19] Castro Neto A H, Guinea F, Peres N M R, et al. The electronic properties of graphene[J]. Reviews of Modern Physics,2009,81(1):109-162.

[20] Hanson G W. Fundamentals of Nanoelectronics[M]. New Jersey:Prentice Hall,2009.

[21] Areshkin D A, Gunlycke D, White C T. Ballistic transport in graphene nanostrips in the presence of disorder:Importance of edge effects[J]. Nano Letters,2007,7(1):204-210.

[22] Li H, Yin W Y, Banerjee K, et al. Circuit modeling and performance analysis of multi-walled carbon nanotube interconnects[J]. IEEE Transactions on Electron Devices, 2008, 55(6): 1328-1337.

[23] Shemella P, Nayak S K. Electronic structure and band-gap modulation of graphene via substrate surface chemistry[J]. Applied Physics Letters,2009,94(3):032101-1-032101-3.

[24] Berger C, Song Z, Li X, et al. Electronic confinement and coherence in patterned epitaxial graphene[J]. Science,2006,312(5777):1191-1196.

[25] Naeemi A, Meindl J D. Compact physics-based circuit models for graphene nanoribbon interconnects[J]. IEEE Transactions on Electron Devices,2009,56(9):1822-1833.

[26] Song Y W, Cohen M L, Louie S G. Energy gaps in graphene nanoribbons[J]. Physical Review Letters,2006,97(21):216803-1-216803-4.

[27] Matins T B, Miwa R H, Da Silva A J R, et al. Electronic and transport properties of boron-doped graphene nanoribbons [J]. Physical Review Letters, 2007, 98 (19): 196803-1-196803-4.

[28] Datta S. Quantum Transport:From Atom to Transistor[M]. New York:Cambridge University Press,2005.

[29] Naeemi A, Meindl J D. Compact physical models for multiwall carbon-nanotube intercon-

nects[J]. IEEE Electron Device Letters,2006,27(5):338-340.

[30] Li H J,Lu W G,Li J J,et al. Multichannel ballistic transport in multiwall carbon nanotubes[J]. Physical Review Letters,2005,95(8):086601-1-086601-4.

[31] Naeemi A,Meindl J D. Physical modeling of temperature coefficient of resistance for single- and multi-wall carbon nanotube interconnects[J]. IEEE Electron Device Letters, 2007, 28(2):135-138.

第 4 章　碳纳米互连特性分析

随着铜导线进入纳米尺度,电阻率、电流密度及温度的上升都会引发严重的性能恶化和可靠性问题。与铜导体相比,碳纳米材料能承载的最大电流密度和热导率可达到 $10^9 A/cm^2$ 和 $5000W/(m \cdot K)$,能够满足下一代集成电路中互连线的性能和可靠性需求。大量的研究分析表明,碳纳米材料构造的互连线可以取代铜构造片上互连,减小电阻率,改善系统性能和可靠性。本章将系统地介绍基于碳纳米管及石墨烯的片上互连线,建立等效电路模型,分析电学性能并与对应制程节点下的传统铜互连进行比较。

4.1　碳纳米管互连

研究表明,密集排列的碳纳米管束可取代铜导线,降低电阻和信号延迟,碳纳米管互连的优势在全局层更加明显。基于物理模型,美国佐治亚理工学院的 Naeemi 教授等比较了单壁碳纳米管束与铜互连的电学性能[1];随后加利福尼亚大学圣芭芭拉分校 Banerjee 教授领导的课题组系统研究了单壁碳纳米管束和多壁碳纳米管互连线,并分析它们随着制程节点的变化趋势[2,3]。

意大利学者首次分析了单壁和双壁碳纳米管总线中的串扰问题[4];国内浙江大学尹文言教授领导的团队基于等效电路模型,研究了单壁/双壁碳纳米管束互连中的串扰问题[5]。虽然多壁碳纳米管互连的相关问题也可用等效电路模型进行分析[3],但这种方法过于繁琐,会耗费大量的计算资源。意大利 Sarto 教授等于 2010 年用多导体传输线方法分析了多壁碳纳米管互连问题,提出相应的等效单导体传输线模型[6]。基于等效单导体传输线模型,意大利罗马大学的 D'Amore 教授等比较和分析了单壁碳纳米管束和多壁碳纳米管互连在 22nm 和 14nm 制程节点时的信号传输特性和串扰响应[7];杭州电子科技大学的王高峰教授团队研究了多壁碳纳米管互连的缓冲器插入和串扰问题[8]。

在碳纳米管互连的制备工艺和实验测试方面,斯坦福大学 Wong 教授领导的课题组加工单根多壁碳纳米管,并将其集成到 CMOS 电路中。图 4.1(a)所示为加工得到的多壁碳纳米管互连阵列,单根多壁碳纳米管的透射电镜图和电流-电压测量结果分别在图 4.1(b)和图 4.1(c)给出。考虑到全局层互连应用中必须采用碳纳米管束的形式来减小电阻损耗,Banerjee 教授课题组提出一种新型加工技术,可以得到长度超过 $100\mu m$、厚度达到微米级的高定向碳纳米管束互连,如图 4.2 所示。首先,在衬底上放置条带状、厚度为 1.5nm 的铁催化剂,利用热气相沉积法在竖直方向上生长碳纳米管束。然后,使用异丙醇溶剂实现碳纳米管束的加密和平面化,从而实现水平方向上的高密度碳纳米管束。最后,采用如光刻等标准的微电子加工技术对水平碳纳米管束进行制版、沉积金属制造接触电极等。

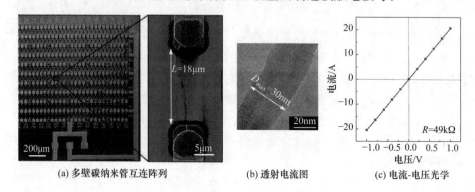

(a) 多壁碳纳米管互连阵列　　　　(b) 透射电流图　　　(c) 电流-电压光学

图 4.1　多壁碳纳米管互连及其电流-电压曲线[9]

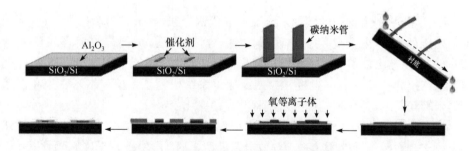

图 4.2　碳纳米管束互连的加工流程图[10]

4.1.1　单壁碳纳米管互连

1. 单壁碳纳米管

图 4.3 给出了单壁碳纳米管互连的示意图和等效电路模型,其中碳纳米管的直径为 D,长度为 l,截面中心点到地平面的距离为 d。在等效电路模型中,R_{c1} 和 R_{c2} 代表单碳纳米管互连两侧的接触电阻,它们可以写为

$$R_{c1} = R_{mc1} + \frac{R_Q}{2} \tag{4.1}$$

$$R_{c2} = R_{mc2} + \frac{R_Q}{2} \tag{4.2}$$

其中,R_{mc1} 和 R_{mc2} 为碳纳米管互连两侧的非理想接触电阻,它们主要受工艺影响;

$R_Q(=12.9/N_{ch})$ 为量子接触电阻(见式(3.13));单壁碳纳米管的有效导电沟道数 $N_{ch}=2$。

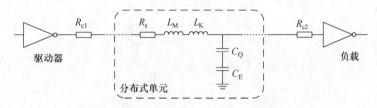

图 4.3 单壁碳纳米管互连的等效电路模型

当互连线长度小于电子平均自由程时,电子传输为弹道输运形式,即只存在接触电阻。随着互连线长度的增加,则需要考虑散射电阻

$$R_S = \frac{h}{4e^2}\frac{1}{\lambda} \tag{4.3}$$

其中,λ 为碳纳米管的电子平均自由程;e 为电子电荷。

在碳纳米管中有多种散射机制会影响电子的平均自由程,例如,低偏压和低温条件下声频声子将成为电子散射的主要来源,此时对应的平均自由程为[11-13]

$$\lambda_{ac} = 400.46 \times 10^3 \frac{D}{T} \tag{4.4}$$

其中,D 为碳纳米管直径;T 为温度。

光学声子服从玻色-爱因斯坦分布:

$$f_{op}(T) = (e^{\hbar\omega_{op}/k_B T} - 1)^{-1} \tag{4.5}$$

其中,$\hbar\omega_{op}$ 为声子能量;k_B 为玻尔兹曼常量。

碳纳米管中的声子能量一般远大于热电压,因此即便在 400K 条件下声子数量仍非常少,基本可以忽略。当环境温度较高时,则必须考虑光学声子的影响,光学声子发射对应的平均自由程为

$$\lambda_{op} = 56.4D \tag{4.6}$$

根据费米黄金定律,吸收一个光学声子所对应的平均自由程为

$$\lambda_{op,abs} = \lambda_{op}\frac{f_{op}(300K)+1}{f_{op}(T)} \approx \frac{\lambda_{op}}{f_{op}(T)} \tag{4.7}$$

为了能够发射光学声子,电子需要吸收光学声子或在外加电场作用下获得足

够的能量。在外加电场作用下,发射光学声子所对应的平均自由程为

$$\lambda_{\text{op,ems}}^{\text{fld}} = \frac{\hbar\omega_{\text{op}} - k_{\text{B}}T}{eV/l} + \lambda_{\text{op}}\frac{f_{\text{op}}(300\text{K}) + 1}{f_{\text{op}}(T) + 1} \tag{4.8}$$

其中,V 为外加电压;l 为碳纳米管长度。

由于 $\hbar\omega \gg k_{\text{B}}T$,式(4.8)可写为

$$\lambda_{\text{op,ems}}^{\text{fld}} = \frac{\hbar\omega_{\text{op}}}{eV/l} + \lambda_{\text{op}}\frac{f_{\text{op}}(300\text{K}) + 1}{f_{\text{op}}(T) + 1} \tag{4.9}$$

通过吸收光学声子实现声子发射所对应的平均自由程为

$$\lambda_{\text{op,ems}}^{\text{abs}} = \lambda_{\text{op,abs}} + \lambda_{\text{op}}\frac{f_{\text{op}}(300\text{K}) + 1}{f_{\text{op}}(T) + 1} \tag{4.10}$$

根据马西森定律,得到有效平均自由程为

$$\lambda = \left(\frac{1}{\lambda_{\text{ac}}} + \frac{1}{\lambda_{\text{op,abs}}} + \frac{1}{\lambda_{\text{op,ems}}^{\text{fld}}} + \frac{1}{\lambda_{\text{op,ems}}^{\text{abs}}}\right)^{-1} \tag{4.11}$$

为计算方便,在室温条件下通常将平均自由程简化为 $1000D$。图 4.3 中的 L_{M} 和 L_{K} 分别为单壁碳纳米管互连的磁电感和动电感:

$$L_{\text{M}} = \frac{\mu}{2\pi}\cosh^{-1}\left(\frac{2d}{D}\right) \approx \frac{\mu}{2\pi}\ln\left(\frac{d}{D}\right) \tag{4.12}$$

$$L_{\text{K}} = \frac{h}{8e^2 v_{\text{F}}} \approx 4\text{nH}/\mu\text{m} \tag{4.13}$$

其中,μ 为磁导率;$v_{\text{F}}(\approx 8\times10^5\text{m/s})$ 为费米速度。

传统金属导线中磁场存储的能量远大于电子动能,因此不必考虑动电感。与传统金属导线不同,碳纳米管中 $L_{\text{K}} \gg L_{\text{M}}$,因此必须考虑动电感。$C_{\text{E}}$ 和 C_{Q} 分别为碳纳米管的静电电容和量子电容:

$$C_{\text{E}} = \frac{2\pi\varepsilon}{\cosh^{-1}(2d/D)} \approx \frac{2\pi\varepsilon}{\ln(d/D)} \tag{4.14}$$

$$C_{\text{Q}} = \frac{8e^2}{hv_{\text{F}}} \approx 100\text{aF}/\mu\text{m} \tag{4.15}$$

其中,ε 为碳纳米管周围介质的介电常数。

一般来说,单根单壁碳纳米管的电阻过大,无法直接应用,通常会采用单层碳纳米管或碳纳米管束构造片上互连。但在一些特定情况下,直接应用单壁碳纳米管互连可降低寄生电容,从而改善系统性能。例如,在亚阈值电路中为实现低功耗,供电电压会小于阈值电压,此时电路的工作速度和功耗取决于互连线的寄生电容[14]。图 4.4(a)所示为亚阈值电路中采用单壁碳纳米管构造的互连模型和传统片上铜互连模型。尽管单根单壁碳纳米管的电阻值比铜互连电阻大两个数量级,但由于碳纳米管的寄生电容很小,单根单壁碳纳米管构造互连线可以显著地降低

延迟和功耗,如图 4.4(b)和图 4.4(c)所示。类似地,在国际半导体技术发展路线图所预测的制程终点[15],使用单根单壁碳纳米管或平行放置的几根单壁碳纳米管构造互连线也可得到优于传统铜互连的电学性能[16]。

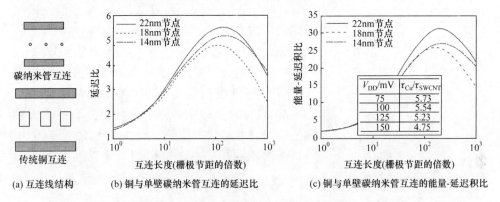

图 4.4　亚阈值电路中的互连线模型及其延迟比和能量-延迟积比[14]

2. 单壁碳纳米管束

为降低单壁碳纳米管的阻值,可将多根碳纳米管并联,即使用碳纳米管束构造片上互连线,如图 4.5(a)所示。图 4.5(b)给出了驱动-单壁碳纳米管束互连-负载系统示意图和相应的等效电路模型,模型中的接触电阻为

$$R_{c1} = \frac{R_{mc1}}{N} + \frac{R_Q}{2N} \tag{4.16}$$

$$R_{c2} = \frac{R_{mc2}}{N} + \frac{R_Q}{2N} \tag{4.17}$$

其中,N 为金属性单壁碳纳米管的数目。

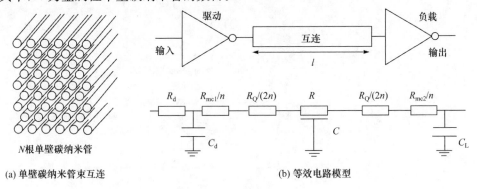

图 4.5　单壁碳纳米管束互连示意图及等效电路模型

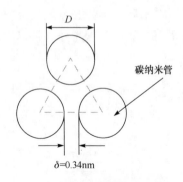

图 4.6　紧密排列时相邻碳
纳米管的示意图

探索碳纳米管束互连的性能极限时,一般假设碳纳米管为紧密排列形式,相邻碳纳米管的距离为范德瓦尔斯间距(见图 4.6),此时 $N = Fm \times \{N_w N_t - \text{Inter}[N_t/2]\}$,其中 Fm 表示金属性碳纳米管所占的比例,$N_w$ 和 N_t 分别为横向和纵向上的单壁碳纳米管数目,$\text{Inter}[\cdot]$ 表示仅计算整数部分。

假设电路的工作频率为 5GHz,一根单壁碳纳米管的感性电抗约为 $125.6\Omega/\mu m$,它远远小于 $6.45\text{k}\Omega/\mu m$,这表明即便工作频率升高到数吉赫兹也可忽略感性电抗的影响。因此,图 4.5(b) 中的等效电路模型将单壁碳纳米管束互连等效为

R-C 模型(即虚线框中的分布式元件)。互连线的单位长度电阻和电容分别为

$$R = \frac{R_Q}{N\lambda} = \frac{h}{4e^2 N\lambda} \tag{4.18}$$

$$C = \left(\frac{N}{C_Q} + \frac{1}{C_E}\right)^{-1} = \left(\frac{Nhv_F}{8e^2} + \frac{1}{C_E}\right)^{-1} \tag{4.19}$$

实际上,单根单壁碳纳米管的量子电容高达 $400\text{aF}/\mu m$,远远大于静电电容,因此可以忽略量子电容的影响。研究表明,当碳纳米管束的 $Fm \geqslant 0.2$ 时,即便是稀疏碳纳米管束互连的静电电容也可用相同尺寸的铜互连线寄生电容计算[1],因此可根据第 2 章中给出的电容提取方法(如图 2.9 所示)得到碳纳米管束互连的静电电容。图 4.7 给出了 22nm 制程节点下铜互连、单根单壁碳纳米管互连和单壁

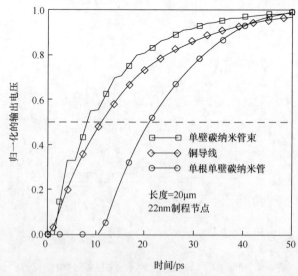

图 4.7　铜、单根单壁碳纳米管和单壁碳纳米管束互连的电压响应曲线[1]

碳纳米管束互连的瞬态电压响应。可以看到单根单壁碳纳米管的阻值过大导致延迟最高，而碳纳米管束互连的电学性能优于传统铜互连，这种优势随着制程节点的推进变得愈发显著。

3. 单层单壁碳纳米管

应用碳纳米管束构造片上互连虽然可以有效降低阻抗，但在加工工艺和集成方面仍有很多问题。例如，碳纳米管不是完全透明的，在光刻中会阻挡激光穿透到底部，这可能导致部分光阻材料残余，影响接触电极的加工[10]。与碳纳米管束互连类似，将多根单壁碳纳米管平行放置在一层，可构造单层单壁碳纳米管互连结构，如图 4.8 所示。这种结构同样可以降低阻抗，且更容易构造接触电极。为了探索单层单壁碳纳米管互连的性能极限，此处假设单壁碳纳米管都是金属性的，它们紧密排列在一起（即相邻单壁碳纳米管的间距为范德瓦尔斯间距），每根碳纳米管都可以很好地连接到接触电极上。

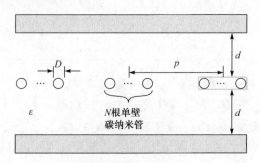

单层单壁碳纳米管互连

图 4.8　单层单壁碳纳米管互连示意图

单层单壁碳纳米管互连的等效电路模型同样可以用图 4.5(b)给出，相应的参数提取与碳纳米管束互连相同，其中式（4.19）中的静电电容可使用全波电磁仿真软件（如 ANSYS 公司的 Maxwell）提取，仿真中设所有的金属性碳纳米管处于同一电势，不考虑邻近碳纳米管之间耦合的影响[17]。单层单壁碳纳米管互连的延迟和功耗可以通过下式计算：

$$\tau = 0.69R_d(C_d + C_L) + 0.69R_cC_L + 0.69[RC_L + (R_d + R_c/2)C]l + 0.38RCl^2$$

$$\text{(4.20)}$$

$$E = (C_d + C_L + Cl)V^2/2 \qquad\qquad \text{(4.21)}$$

其中，$R_c = (R_{mc1} + R_{mc2} + R_Q)/N$ 为碳纳米管互连的总接触电阻；R 和 C 表示互连线的单位长度电阻和电容；R_d 为驱动电阻；C_d 为驱动电容；C_L 为负载电容；V 为外加电压；l 为互连线的长度。

研究发现铜互连与单壁碳纳米管互连之间的延迟比和能量-延迟积比随着互

连长度的增加趋于特定值,该特定值可表示为 RC 比和 RC^2 比。表 4.1 给出了铜互连与单层单壁碳纳米管/单壁碳纳米管束互连间的 RC 比和 RC^2 比,其中单壁碳纳米管直径为 1nm,铜互连的电阻率根据式(2.48)得到。从表中可以发现在 19nm 制程节点后,应用单层单壁碳纳米管互连可以得到优于传统铜互连的电学性能。

表 4.1　铜互连与单壁碳纳米管互连间的 RC 和 RC^2 比

制程节点/nm	铜与单层单壁碳纳米管互连		铜与单壁碳纳米管束互连
	RC 比	RC^2 比	RC 比(RC^2 比)
24	0.73506	1.67839	4.2185
19	1.08409	2.57736	5.0719
15	1.62691	3.85127	6.0544
12	2.53342	5.89746	7.5168
9.5	3.84620	9.26028	9.3083
7.5	6.12951	14.1292	11.417
6.0	8.68677	20.0538	13.153

图 4.9 给出了 19nm 制程节点下铜互连与单壁碳纳米管互连之间的延迟比和能量-延迟积比,其中反相器尺寸取为最小尺寸反相器的 5 倍和 50 倍。从图中可以看到当驱动和负载为最小尺寸反相器的 50 倍时,铜与单层单壁碳纳米管的延迟比和能量-延迟积比随互连长度的增加而增大,并在互连长度达到某特定值时超过 1,此时单层单壁碳纳米管互连的电学性能开始优于传统铜互连。当互连长度大于 $20\mu m$ 时,单层单壁碳纳米管互连的能量-延迟积比开始比铜互连的小。相比较而言,单层单壁碳纳米管互连更适用于驱动和负载尺寸较小的情形。这是因为晶体

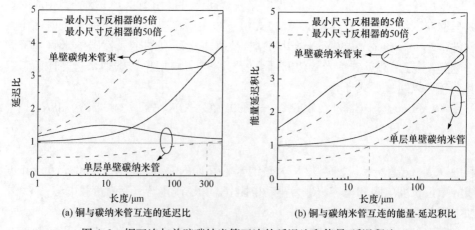

(a) 铜与碳纳米管互连的延迟比　　　　　　(b) 铜与碳纳米管互连的能量-延迟积比

图 4.9　铜互连与单壁碳纳米管互连的延迟比和能量-延迟积比

管尺寸较小时驱动电阻较大,互连线的寄生电容成为决定因素,而单层单壁碳纳米管互连的寄生电容远小于铜互连和碳纳米管束互连的寄生电容。因此,在一定长度范围内,单层单壁碳纳米管互连可以提供比铜互连和单壁碳纳米管束互连更小的延迟和功耗。

在碳纳米管互连的加工和实际应用中无法避免电极的不良接触,图 4.10 给出了在 19nm 和 6nm 制程节点下接触电阻对单壁碳纳米管互连电学性能的影响。研究表明单层单壁碳纳米管互连对接触电阻更敏感,而单壁碳纳米管束由于碳纳米管数目较多,几乎不受接触电阻变化的影响。然而,即便在 20kΩ 的接触电阻下,单层单壁碳纳米管互连在长度小于 20μm 的范围内仍然可能提供优于碳纳米管束互连的电学性能,如图 4.10(a)所示。另外,在碳纳米管束互连的加工中由于激光无法穿透到底部,电极与碳纳米管束之间可能会存在一定空隙,此时电流仅在与电极连接的部分金属性碳纳米管中通过[10]。尽管电流可通过管间耦合电导流到其他碳纳米管中,但这一问题必将影响碳纳米管互连的电学性能,并带来更大的不确定性。

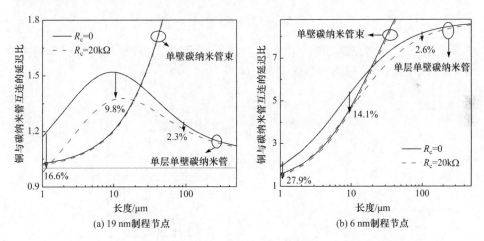

(a) 19 nm制程节点　　　　　　　　　　　(b) 6 nm制程节点

图 4.10　不同制程节点下接触电阻对单壁碳纳米管束互连性能的影响

图 4.11 给出了典型的三根互连线模型,在此基础上研究单壁碳纳米管互连的串扰问题。在模型中,两端互连线为干扰源,中间为受扰互连线。如前所述,单壁碳纳米管束互连与相同尺寸的铜互连具有相同的寄生电容,而单层单壁碳纳米管互连的寄生电容远小于前两者。

图 4.12 比较了铜互连与单层单壁碳纳米管互连的寄生电容值,其中 C_c 为邻近互连线间的耦合电容,C_g 为互连线与地面之间的电容。考虑到密勒效应,根据信号传输方向,C_c 可能为自身值、自身值的两倍或 0。干扰互连线的电压源为阶跃信号,它们从 0 到 1、从 1 到 0 或保持在 0/1 不变。由于宽度相同,单层单壁碳纳米管互

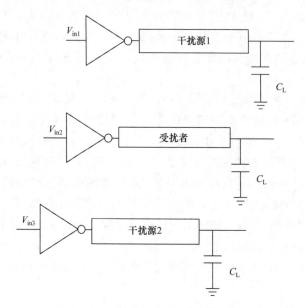

图 4.11　用于研究串扰的三根互连模型

连的 C_g 值与铜互连相近,但 C_c 值远小于铜互连。因此,可以预测到单层单壁碳纳米管互连中的信号传输质量要优于铜互连。

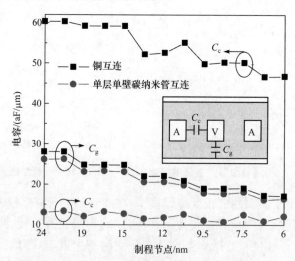

图 4.12　铜互连与单层单壁碳纳米管互连的寄生电容

图 4.13 给出了使用 SPICE 软件得到的铜互连和单层单壁碳纳米管互连的眼图,为保证准确度,在 SPICE 仿真中互连线被划分为 300 个单元。可以发现,应用单层单壁碳纳米管互连可有效提升信号的完整性。

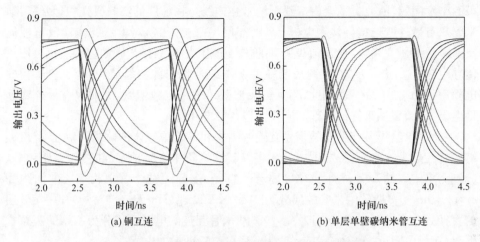

图 4.13　铜互连与单层单壁碳纳米管互连的眼图

　　考虑最坏情况下串扰效应对单壁碳纳米管互连延迟的影响,如图 4.14(a)所示,此时干扰源从 1 变换到 0,而受扰互连线从 0 到 1。从图中可以看到,单壁碳纳米管束互连相对于铜互连的优势没有变化,但单层单壁碳纳米管互连线的优势得到了显著提升。图 4.14(b)给出了铜互连和单壁碳纳米管互连中远端的噪声电压幅值,其中干扰源注入阶跃信号,而受扰互连线保持在 0 不变。研究表明单壁碳纳米管束互连中的噪声电压幅值与铜互连相接近,而应用单层单壁碳纳米管互连可有效抑制噪声,噪声电压幅值可降低 58%～75%。

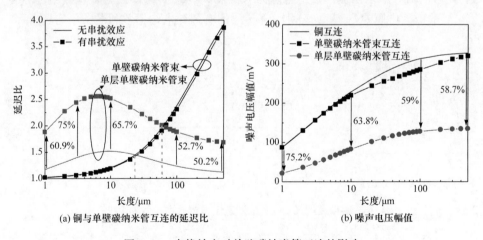

图 4.14　串扰效应对单壁碳纳米管互连的影响

4.1.2　多壁碳纳米管互连

　　与单壁碳纳米管不同,多壁碳纳米管总是呈现金属性的,不存在单壁碳纳米管束的密度问题,因此更适合构造片上纳米互连线。在前期的实验研究中,多壁碳纳米管只有最外壁连接到接触电极[18],内部层均已被屏蔽,对电流的传输没有任何贡献。后期研究发现,通过构造适宜的接触电极,多壁碳纳米管的内部层也可用于传导电流[19]。进一步地,实验证明在多壁碳纳米管内部相邻层间存在电导,径向电阻率约为$1\Omega \cdot m$[20]。因此,当互连线长度超过一定数值时,即便仅有最外壁连接电极,多壁碳纳米管的内部层同样可以传导电流[21]。

图4.15给出了多壁碳纳米管互连的结构和等效单导体传输线模型,此处设碳纳米管互连沿z方向摆放,图中d为多壁碳纳米管中心到地平面的距离,D和D_{in}分别为多壁碳纳米管最外层和最内层的直径,多壁碳纳米管中相邻层的间距为$\delta = 0.34\text{nm}$。多壁碳纳米管的层数为$N = 1 + \text{Inter}[(D - D_{in})/(2\delta)]$,其中第$i$层的直径为$D_i = D - 2\delta \cdot (i-1)$。多壁碳纳米管互连的电阻可以分为两端的集总式电阻(接触电阻R_{c1}和R_{c2})和分布式电阻(单位长度散射电阻R):

$$R_{c1} = \left(\sum_{i=1}^{N} R_{c1,i} \right)^{-1} = \left[\sum_{i=1}^{N} \left(\frac{h}{2e^2 N_{ch,i}} + R_{mc1,i} \right) \right]^{-1} \tag{4.22}$$

$$R_{c2} = \left(\sum_{i=1}^{N} R_{c2,i} \right)^{-1} = \left[\sum_{i=1}^{N} \left(\frac{h}{2e^2 N_{ch,i}} + R_{mc2,i} \right) \right]^{-1} \tag{4.23}$$

$$R = \left(\sum_{i=1}^{N} R_{S,i}^{-1} \right)^{-1} = \left(\sum_{i=1}^{N} \frac{2e^2 N_{ch,i} \lambda_i}{h} \right)^{-1} = \frac{h}{2e^2} \left(\sum_{i=1}^{N} N_{ch,i} \lambda_i \right)^{-1} \tag{4.24}$$

其中,e为电子电荷;$R_{mc1,i}$和$R_{mc2,i}$为多壁碳纳米管中第i层两端的不良接触电阻;为方便计算,一般取两侧的接触电阻为$R_c = (R_{c1} + R_{c2})/2$;$R_{S,i}$为多壁碳纳米管中第$i$层的散射电阻;$N_{ch,i}$和$\lambda_i$分别为第$i$层的有效导电沟道数和电子平均自由程。

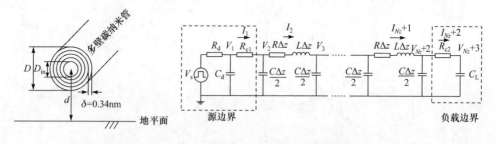

(a) 多壁碳纳米管互连　　　　　　　(b) 等效单导体传输线模型

图4.15　多壁碳纳米管互连的示意图与等效单导体传输线模型

多壁碳纳米管可看成按同心形式组合的多根单壁碳纳米管,因此每层的有效导电沟道数和电子平均自由程都可以用式(3.25)和式(4.11)计算。

多壁碳纳米管互连等效单导体传输线模型中的单位长度电容可表示为

$$C = (C_E^{-1} + C_Q^{-1})^{-1} \tag{4.25}$$

其中,静电电容 C_E 可用全波电磁仿真软件 Maxwell 得到,等效量子电容 C_Q 需根据等效电容网络进行迭代计算[6]:

$$c_{\text{rec},1} = C_Q^{(1)} \tag{4.26}$$

$$c_{\text{rec},i} = \left(\frac{1}{c_{\text{rec},i-1}} + \frac{1}{C_m^{i-1,i}} \right)^{-1} + C_Q^{(i)}, \quad i = 2, 3, \cdots, N \tag{4.27}$$

$$C_Q = c_{\text{rec},N} \tag{4.28}$$

其中

$$C_m^{i-1,i} = \frac{2\pi\varepsilon_0}{\ln(D_{i+1}/D_i)} \tag{4.29}$$

$$C_Q^{(i)} = N_{\text{ch},i} \frac{4e^2}{h v_F}, \quad 1 \leqslant i \leqslant N \tag{4.30}$$

ε_0 为真空介电常数。

类似地,多壁碳纳米管互连等效单导体传输线模型中的单位长度电感可表示为

$$L = L_M + L_K \tag{4.31}$$

其中,磁电感可表示为 $L_M = \mu_0 \varepsilon_0 / C_E$,$\mu_0$ 为真空磁导率;等效动电感 L_K 可通过如下公式进行迭代计算:

$$l_{\text{rec},1} = L_K^{(1)} \tag{4.32}$$

$$l_{\text{rec},i} = \left(\frac{1}{l_{\text{rec},i-1} + L_m^{i-1,i}} + \frac{1}{L_K^{(i)}} \right)^{-1}, \quad i = 2, 3, \cdots, N \tag{4.33}$$

其中

$$L_K = l_{\text{rec},N} \tag{4.34}$$

$$L_m^{i-1,i} = \frac{\mu_0}{2\pi} \ln\left(\frac{D_{i+1}}{D_i} \right), \quad i = 1, 2, \cdots, N-1 \tag{4.35}$$

$$L_K^{(i)} = \frac{h}{4e^2 v_F N_{\text{ch},i}}, \quad 1 \leqslant i \leqslant N \tag{4.36}$$

确定好各个电路参数后,基于图 4.15(b)给出的电路模型,结合源和负载边界条件,可使用时域有限差分法求解传输线电报方程:

$$\frac{\partial V(z,t)}{\partial z} + L \frac{\partial I(z,t)}{\partial t} + R I(z,t) = 0 \tag{4.37}$$

$$\frac{\partial I(z,t)}{\partial z} + C \frac{\partial V(z,t)}{\partial t} = 0 \tag{4.38}$$

数值仿真中,当互连长度大于 $200\mu\text{m}$ 时,空间步长 Δz 取为 $10\mu\text{m}$。当互连长度小于 $200\mu\text{m}$ 时,可将互连线沿长度方向划分为 20 个单元。这是因为单元数多于 20 时,仿真精度不再随单元数目增加而改善,所以 20 个单元已足够得到精确的结果[22]。时间步长取为 $\Delta t = \Delta z / (2v)$,其中 v 为传播速度。电压源为阶跃信号,

上升和下降时间均设为零。通过仿真得到瞬态响应,并使用 50% 时延的定义得到驱动-多壁碳纳米管互连-负载系统的信号延迟。

图 4.16 比较了铜互连、单壁碳纳米管束互连与多壁碳纳米管互连的电阻率。从图中可以看到,铜互连的电阻率不受长度影响,而碳纳米管互连的电阻率随长度的增加逐渐减小,直到趋于某一数值。这主要是因为碳纳米管互连中存在接触电阻,随着长度的增加,碳纳米管互连的散射电阻不断增大,当达到某一长度时散射电阻远大于接触电阻,电阻率开始趋于稳定值。显然,多壁碳纳米管互连的有效导电沟道数远大于单壁碳纳米管,散射电阻更小,因此多壁碳纳米管互连的电阻率对长度的变化更为敏感。多壁碳纳米管仅在长度较长时才能体现出性能优势,因此更适于构造中间层和全局层互连。

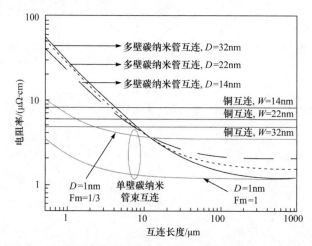

图 4.16　铜、单壁碳纳米管束与多壁碳纳米管互连的电阻率

为探索多壁碳纳米管互连的电学性能,我们根据国际半导体技术发展路线图给出的 14nm 和 22nm 制程节点的尺寸信息(见表 4.2)开展研究。表 4.3 给出了 14nm 和 22nm 制程节点下最小尺寸反相器的驱动电阻、驱动电容和负载电容值。根据表 4.2 给出的结构参数,互连线厚度是宽度的两倍,因此将两根多壁碳纳米管平行放置,如图 4.17 所示。

表 4.2　互连线尺寸参数

制程节点		14nm	22nm
中间层	宽度 w/nm	14	22
	厚度 t/nm	28	28
	高度 h/nm	28	44
	ε_r	2.15	2.3

制程节点		14nm	22nm
全局层	宽度 w/nm	21	33
	厚度 t/nm	63	99
	高度 h/nm	63	99
	ε_r	2.15	2.3

表 4.3　最小尺寸反相器参数

制程节点	14nm	22nm
输出电阻 R_{d0}/kΩ	51.786	34.444
输出电容 C_{d0}/fF	0.030	0.049
输入电容 C_{L0}/fF	0.066	0.137

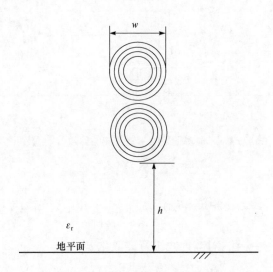

图 4.17　多壁碳纳米管互连示意图

　　图 4.18 给出了中间层和全局层多壁碳纳米管互连在不同制程节点下的时延曲线,其中实线部分是使用解析公式(2.38)得到的,符号为应用时域有限差分法的数值进行仿真的结果,可以看到数值仿真与解析结果相互吻合,相对误差小于 3%。

　　进一步地,基于图 4.11 给出的三根互连线结构,研究多壁碳纳米管互连中的串扰问题。三根多壁碳纳米管互连的等效传输线模型如图 4.19 所示,其中电压源为阶跃输入信号。

　　通过式(4.37)和式(4.38)建立多导体传输线方程为

$$\frac{\partial \boldsymbol{V}(z,t)}{\partial z} + \boldsymbol{L}\frac{\partial \boldsymbol{I}(z,t)}{\partial t} + \boldsymbol{R}\boldsymbol{I}(z,t) = \boldsymbol{0} \tag{4.39}$$

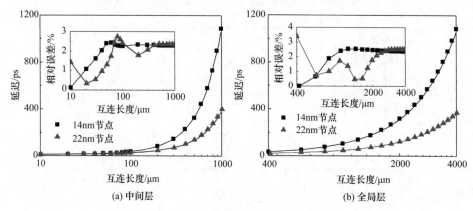

(a) 中间层　　　　　　　　　　　(b) 全局层

图 4.18　多壁碳纳米管互连的时延

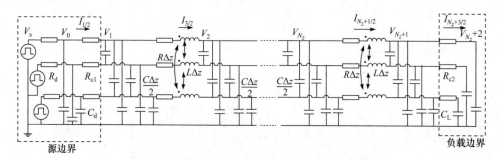

图 4.19　三根多壁碳纳米管互连的等效传输线模型

$$\frac{\partial \boldsymbol{I}(z,t)}{\partial z} + \boldsymbol{C}\frac{\partial \boldsymbol{V}(z,t)}{\partial t} = 0 \tag{4.40}$$

其中，$\boldsymbol{V}$ 和 $\boldsymbol{I}$ 分别代表电压矩阵和电流矩阵；$\boldsymbol{R}$、$\boldsymbol{L}$ 和 $\boldsymbol{C}$ 分别为电阻矩阵、电感矩阵和电容矩阵。

应用时域有限差分法，对互连线进行离散化：

$$\boldsymbol{V}_k^{n+1} = \boldsymbol{V}_k^n - \frac{\Delta t}{\Delta z}\boldsymbol{C}^{-1}(\boldsymbol{I}_{k+1/2}^{n+1/2} - \boldsymbol{I}_{k-1/2}^{n+1/2}) \tag{4.41}$$

$$\boldsymbol{I}_{k+1/2}^{n+3/2} = \left(\frac{\Delta z}{\Delta t}\boldsymbol{L} + \frac{\Delta z}{2}\boldsymbol{R}\right)^{-1} \cdot \left[\left(\frac{\Delta z}{\Delta t}\boldsymbol{L} - \frac{\Delta z}{2}\boldsymbol{R}\right)\boldsymbol{I}_{k+1/2}^{n+1/2} - (\boldsymbol{V}_{k+1}^{n+1} - \boldsymbol{V}_k^{n+1})\right] \tag{4.42}$$

其中，$k = 2, 3, \cdots, N_z$。

在源和负载边界处有[8]

$$\boldsymbol{V}_0^{n+1} = \left(\frac{2\boldsymbol{R}_d\boldsymbol{C}_d}{\Delta t} + 1\right)^{-1} \cdot \left[\left(\frac{2\boldsymbol{R}_d\boldsymbol{C}_d}{\Delta t} - 1\right)\boldsymbol{V}_0^n - 2\boldsymbol{R}_d\boldsymbol{I}_{1/2}^{n+1/2} + \boldsymbol{V}_s^{n+1} + \boldsymbol{V}_s^n\right] \tag{4.43}$$

$$\boldsymbol{V}_1^{n+1} = \boldsymbol{V}_1^n + \frac{2\Delta t}{\Delta z}\boldsymbol{C}^{-1}(\boldsymbol{I}_{1/2}^{n+1/2} - \boldsymbol{I}_{3/2}^{n+1/2}) \tag{4.44}$$

$$\boldsymbol{I}_{1/2}^{n+3/2} = 2\boldsymbol{R}_c^{-1}(\boldsymbol{V}_0^{n+1} - \boldsymbol{V}_1^{n+1}) - \boldsymbol{I}_{1/2}^{n+1/2} \tag{4.45}$$

$$\boldsymbol{V}_{N_z+2}^{n+1}=\boldsymbol{V}_{N_z+2}^{n}+\Delta t\boldsymbol{C}_L^{-1}\boldsymbol{I}_{N_z+3/2}^{n+1/2} \tag{4.46}$$

$$\boldsymbol{V}_{N_z+1}^{n+1}=\boldsymbol{V}_{N_z+1}^{n}+\frac{2\Delta t}{\Delta z}\boldsymbol{C}^{-1}(\boldsymbol{I}_{N_z+1/2}^{n+1/2}-\boldsymbol{I}_{N_z+3/2}^{n+1/2}) \tag{4.47}$$

$$\boldsymbol{I}_{N_z+3/2}^{n+3/2}=2\boldsymbol{R}_c^{-1}(\boldsymbol{V}_{N_z+1}^{n+1}-\boldsymbol{V}_{N_z+2}^{n+1})-\boldsymbol{I}_{N_z+3/2}^{n+1/2} \tag{4.48}$$

图 4.20 给出了考虑串扰效应后传统铜互连与多壁碳纳米管互连在不同节点的延迟比。在中间层和全局层,多壁碳纳米管互连可提供远优于传统铜互连的电学性能,这一优势随着互连长度的增大愈发明显。此外,多壁碳纳米管互连相对于铜互连的性能优势受制程节点变化的影响不大。

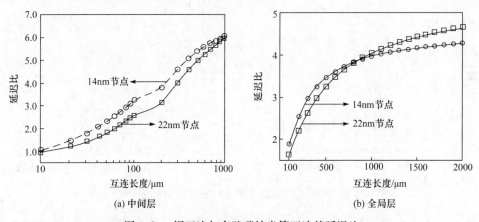

(a) 中间层　　　　　　　　　　　(b) 全局层

图 4.20　铜互连与多壁碳纳米管互连的延迟比

图 4.21 给出了中间层和全局层铜互连与多壁碳纳米管互连的噪声电压幅值。相比于铜互连,多壁碳纳米管互连的噪声电压略大,这是因为噪声电压取决于耦合电容,而多壁碳纳米管互连与铜互连的耦合电容相近。在多壁碳纳米管互连的制备和集成中无法消除不良接触电阻,因此有必要分析接触电阻变化对延迟和噪声电压幅值的影响。

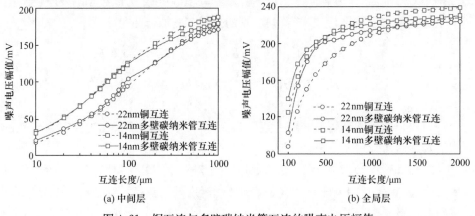

(a) 中间层　　　　　　　　　　　(b) 全局层

图 4.21　铜互连与多壁碳纳米管互连的噪声电压幅值

随着接触电阻的增大,铜与多壁碳纳米管互连的延迟比线性减小,但变化并不大,即便当接触电阻升至 12kΩ 时,多壁碳纳米管互连的优势仍然十分明显,如图 4.22(a)所示。图 4.22(b)给出了多壁碳纳米管与铜互连中噪声电压比值随接触电阻变化的影响,可以看到多壁碳纳米管互连中的噪声电压幅值与铜互连非常接近。同时,接触电阻对噪声电压幅值的影响很小,接触电阻增大到 12kΩ,两者幅值比的变化范围也在 5% 以内。

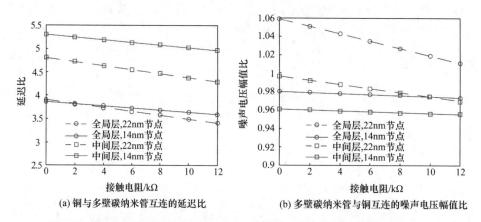

(a) 铜与多壁碳纳米管互连的延迟比　　　(b) 多壁碳纳米管与铜互连的噪声电压幅值比

图 4.22　接触电阻对多壁碳纳米管互连延迟和噪声电压幅值的影响

电流通过互连线会产生焦耳热,温度上升会影响互连线的性能和可靠性,因此有必要研究多壁碳纳米管的自热效应。对于一根放置在二氧化硅/硅衬底上的多壁碳纳米管互连,可以通过求解热传导方程得到温度曲线[23]:

$$A \frac{\partial}{\partial x}\left[\kappa \frac{\partial T(x)}{\partial x}\right] + p' - g\left[T(x) - T_0\right] = 0 \tag{4.49}$$

其中,A 为多壁碳纳米管的截面积;x 为沿着碳纳米管的位置;p' 为单位长度的焦耳热率;$T(x)$ 和 T_0 分别为位置 x 处的温度和环境温度;g 为散热率;κ 为热导率。

根据实验测量结果,将多壁碳纳米管的热导率 κ 拟合为[24]

$$\kappa = \frac{1}{D_{avg}}\left[1.2255 \times 10^9\left(1 + \frac{\lambda_p}{l}\right)T^{-2} - 9.7722T + 0.2207T^2\right]^{-1} \tag{4.50}$$

其中,$\lambda_p(=500\text{nm})$ 为室温下声子的平均自由程;D_{avg} 为多壁碳纳米管所有层的平均直径。

一根较长的碳纳米管,击穿温度为 $T_{BD} = T_0 + p'/g$。假设在击穿时自生热的功率沿着碳纳米管均匀分布,可使用 P_{BD}/l 代替 p',得到 $P_{BD} = gl(T_{BD} - T_0)$。另外,击穿功率可表示为 $P_{BD} = 2\pi l \kappa_{ox}(T_{BD} - T_0)/\ln(D_0/D)$[25],其中二氧化硅的热导率 $\kappa_s = 1.5\text{W}/(\text{m} \cdot \text{K})$,$D_0$ 为温度降到环境温度处的直径。结合这两个公式,可以得到散热率 g 为

$$g = \frac{2\pi\kappa_{ox}}{\ln}(D_0/D) \tag{4.51}$$

当 $D_0/D = 50$ 时,散热率 $g = 2.41W/(m \cdot K)$。

焦耳热率 p' 可以表示为 $p' = I^2Rl$,其中 R 为碳纳米管单位长度的温变电阻。温变电阻可通过式(4.24)计算得到,其中电子平均自由程和有效导电沟道数均为温变参数(见式(4.11)和式(3.25))。

给定多壁碳纳米管互连的结构参数,在互连线两端加载电压 V,互连线的初始条件为 $T(x) = T_0$,两端满足边界条件 $T = T_0$。利用有限差分法数值求解式(4.49),即可得到碳纳米管互连中的温度分布曲线,如图 4.23 所示。从图中可以发现,自热效应在高偏压和较短的多壁碳纳米管互连中较为明显,此时最高温度有很大概率超过多壁碳纳米管的击穿温度(约 900K),而在偏压小于 1V、长度大于 20μm 的多壁碳纳米管中一般不需要考虑自热效应。

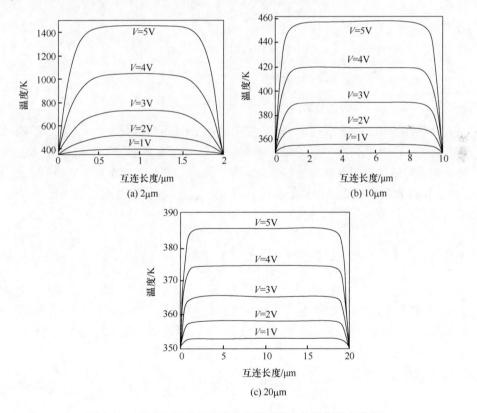

图 4.23　不同长度时多壁碳纳米管互连上的温度分布曲线

对于较长的碳纳米管互连,同样可应用缓冲器插入技术降低时延,如图 4.24 所示。但与传统铜互连不同,碳纳米管互连两端均存在不良接触电阻和量子接触电阻,因此缓冲器插入后将引入更多的接触电阻[26]。为便于比较,图 4.25 重新绘制了铜互连与碳纳米管(单层单壁碳纳米管、单壁碳纳米管束和多壁碳纳米管)互连的截面图,其中单壁碳纳米管的直径为 1nm,单层单壁碳纳米管均由金属性碳纳米管构造,而碳纳米管束的 Fm=1/3。多壁碳纳米管内部层直径设为外部层直径的一半,即 $D_{in}=w/2$。

图 4.24　碳纳米管互连中的缓冲器插入

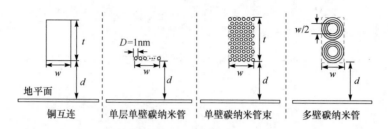

图 4.25　铜互连与碳纳米管互连示意图

当互连线超过一定长度时,将互连线划分为 k 段,每段长度为 l/k,在每两段互连之间插入缓冲器。缓冲器的尺寸为相应制程节点下最小尺寸反相器的 h 倍,此时反相器的输出电阻和输出电容为 R_{d0}/h 和 hC_{d0},输入电容为 hC_{L0},其中 R_{d0}、C_{d0} 和 C_{L0} 分别为最小尺寸反相器的输出电阻、输出电容和输入电容。插入缓冲器后,碳纳米管互连中每段的延迟为

$$\tau(h,k)=0.69(R_c hC_{L0}+R_{d0}C_0)+0.69\left(\frac{R_c C}{2}+RhC_{L0}+\frac{R_{d0}C}{h}\right)\frac{l}{k}+0.38RC\left(\frac{l}{k}\right)^2$$

$$(4.52)$$

其中,R 和 C 为碳纳米管互连的单位长度电阻和电容;$C_0=C_{d0}+C_{L0}$;$R_c=(R_{mc}+R_Q)/N_{ch}$,N_{ch} 为碳纳米管互连的总有效导电沟道数,单壁碳纳米管互连中 $N_{ch}=1000D$,而多壁碳纳米管互连中,

$$N_{ch}=\sum_{i=1}^{N}(0.0612D_i+0.425)$$

$$(4.53)$$

把每段延迟加起来,即可得到互连线的总延迟 $T(h,k)=k\tau(h,k)$。通过

$$\frac{\partial T(h,k)}{\partial h}=0$$

$$(4.54)$$

$$\frac{\partial T(h,k)}{\partial k}=0 \tag{4.55}$$

可以得到

$$69(R_{d0}C_0+R_cC_{L0}h)=38RC\left(\frac{R_cC_{L0}h^2}{R_{d0}C-RC_{L0}h^2}\right)^2 \tag{4.56}$$

数值求解式(4.56)可以得到缓冲器尺寸倍数 h 的最优值,此处用 h_{opt} 表示。分段数的最优值为

$$k_{opt}=\mathrm{Inter}\left[\left(\frac{R_{d0}C}{C_{L0}h_{opt}^2}-R\right)\frac{l}{R_c}\right] \tag{4.57}$$

得到 h_{opt} 和 k_{opt} 的数值后,将它们代入 $T(h,k)=k\tau(h,k)$,可以得到互连线的最小总延迟为 $T_{min}=k_{opt}\tau(h_{opt},k_{opt})$ 。从式(4.56)可以发现 h_{opt} 与互连线长度无关,而 k_{opt} 与长度呈线性关系。

图 4.26(a)给出了 14nm 制程节点下碳纳米管互连的缓冲器尺寸倍数最优值 h_{opt} 随 R_{mc} 的变化曲线, R_{mc} 为每个沟道上的不良接触电阻。多壁碳纳米管的总有效导电沟道数 N_{ch} 小于单壁碳纳米管束互连的 N_{ch} ,因此对不良接触电阻 R_{mc} 的变化更为敏感。当 R_{mc} 从 0 增大至 200kΩ 时,可以看到单壁碳纳米管束互连的 h_{opt} 约减小 12%,而多壁碳纳米管互连的 h_{opt} 减小了 35%。尽管单层单壁碳纳米管互连的 N_{ch} 较小,但它的电阻较大,因此不良接触电阻 R_{mc} 的变化对单层单壁碳纳米管互连的 h_{opt} 影响也较小。

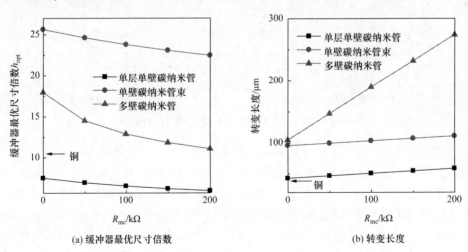

(a) 缓冲器最优尺寸倍数　　　　　　　　　(b) 转变长度

图 4.26　碳纳米管互连的缓冲器最优尺寸倍数和转变长度

此处定义转变长度为

$$L_t = \frac{69}{38}\left(\frac{R_{d0}}{Rh_{opt}} + \frac{R_c}{2R} + \frac{C_{L0}h_{opt}}{C}\right) \tag{4.58}$$

在转变长度 L_t 处,延迟 $\tau(h_{opt}, 1)$(见式(4.52))的第二项与第三项相等。也就是说,当互连长度大于转变长度 L_t 时,延迟开始与互连线长度呈超线性关系,此时插入缓冲器可以起到减小互连延迟的作用。图 4.26(b)给出了碳纳米管互连转变长度 L_t 随不良接触电阻 R_{mc} 的变化曲线,可以看到多壁碳纳米管互连的转变长度 L_t 对不良接触电阻 R_{mc} 的变化最为敏感。

图 4.27 给出了理想接触条件下单壁碳纳米管束互连和多壁碳纳米管互连的延迟随缓冲器数目的变化曲线。从图中可以看到,当互连长度为 $50\mu m$(即小于转变长度 L_t)时,互连线的延迟随缓冲器的插入而增大,总延迟与缓冲器数目呈线性关系;当互连长度增大到某一数值后,可以通过插入缓冲器来降低延迟,如图 4.27(b)所示。此外,缓冲器的最优数目几乎不受缓冲器尺寸的影响,这是因为理想接触的碳纳米管互连中可以忽略接触电阻,此时 h_{opt} 与 k_{opt} 彼此互不影响。

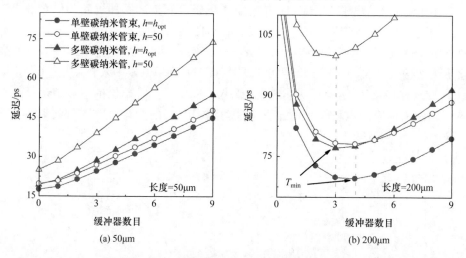

(a) 50μm　　　　　　　　　　　　(b) 200μm

图 4.27　碳纳米管互连长度不同时的延迟

表 4.4 给出了 14nm 节点下铜与理想接触碳纳米管互连在不同长度下的缓冲器最优数目 $n_{opt}(=k_{opt}-1)$ 和最小延迟 T_{min}。插入缓冲器后,碳纳米管互连的延迟远小于传统铜互连的延迟。此外,单壁碳纳米管束互连和多壁碳纳米管互连中需要的缓冲器数目更少,这表明应用碳纳米管互连可以减小芯片面积,降低功耗。进一步地,表 4.5 给出了接触电阻 R_{mc} 对缓冲器最优数目 n_{opt} 和最小延迟 T_{min} 的影响。当接触电阻 R_{mc} 增大至 $100k\Omega$ 时,缓冲器最优数目 n_{opt} 略有下降,而单层单壁碳纳米管互连、单壁碳纳米管束互连和多壁碳纳米管互连的最小总延迟 T_{min} 分别增大了 17.9%、8.34% 和 68.1%。

表 4.4　理想接触碳纳米管互连的缓冲器数目 n_{opt} 与最小延迟 T_{min}

导体材料	$L=200\mu m$		$L=500\mu m$		$L=1000\mu m$	
	n_{opt}	T_{min}	n_{opt}	T_{min}	n_{opt}	T_{min}
铜	11	170.28	28	425.65	58	851.30
单层单壁碳纳米管	9	159.44	25	398.46	51	796.92
单壁碳纳米管束	4	69.52	11	173.64	22	347.24
多壁碳纳米管	3	77.13	10	192.75	20	385.38

表 4.5　接触电阻 R_{mc} 为 100kΩ 的碳纳米管互连缓冲器数目 n_{opt} 与最小延迟 T_{min}

导体材料	$L=200\mu m$		$L=500\mu m$		$L=1000\mu m$	
	n_{opt}	T_{min}	n_{opt}	T_{min}	n_{opt}	T_{min}
单层单壁碳纳米管	8	187.96	21	469.78	43	939.56
单壁碳纳米管束	3	75.31	10	188.13	20	376.20
多壁碳纳米管	2	129.68	6	323.19	12	645.79

在以前关于碳纳米管互连中插入缓冲器的研究中，通常将接触电阻加到总电阻中，代入以下公式来计算缓冲器尺寸最优倍数和分段数最优值：

$$h'_{\text{opt}}=\sqrt{\frac{R_{d0}Cl}{R_{\text{total}}C_{L0}}} \tag{4.59}$$

$$k'_{\text{opt}}=\text{Inter}\left(\sqrt{\frac{38R_{\text{total}}Cl}{69R_{d0}C_0}}\right) \tag{4.60}$$

其中，$R_{\text{total}}=R_c+Rl$。

在实际应用中，每插入一个缓冲器都将引入两个接触电阻，仅考虑两端的接触电阻是不够的，这种假设必然导致碳纳米管互连的性能被高估。因此，可将应用式(4.59)和式(4.60)时引起的相对误差定义为

$$P_{\text{td}}=\left[\frac{T(h'_{\text{opt}}\cdot k'_{\text{opt}})}{T(h_{\text{opt}}\cdot k_{\text{opt}})}-1\right]\times100\% \tag{4.61}$$

从式(4.57)中可以看到最优分段数 k_{opt} 与长度呈线性关系，因此相对误差 P_{td} 与长度无关。以长度为 $1000\mu m$ 的碳纳米管互连为例，如图 4.28 所示，单层单壁碳纳米管互连与单壁碳纳米管束互连分别具有较大的本征电阻和总有效导电沟道数 N_{ch}，因此不良接触电阻 R_{mc} 的变化对总延迟的影响不大。但多壁碳纳米管互连对不良接触电阻 R_{mc} 较为敏感，当 R_{mc} 大于 $70\text{k}\Omega$ 时，使用式(4.59)和式(4.60)计算会产生较大的误差(超过 10%)。这表明在多壁碳纳米管互连中插入缓冲器时必须考虑接触电阻的影响，通过数值计算得到缓冲器的最优尺寸和数目。

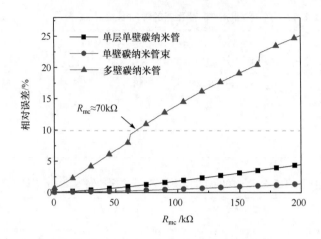

图 4.28　忽略接触电阻影响所导致的相对误差

4.1.3　混合碳纳米管互连

几乎所有的实验数据都显示,实际加工得到的碳纳米管束是单壁和多壁碳纳米米管的混合结构[27],如图 4.29 所示。因此,有必要针对混合碳纳米管束互连展开研究,确定电学特性并与纯碳纳米管互连进行比较分析。在混合碳纳米管束中,碳纳米管的直径服从高斯分布[28]:

$$N(D) = \frac{AD_{en}}{\sigma_D \sqrt{2\pi}} \exp\left[-\frac{1}{2}\left(\frac{D - D_{mean}}{\sigma_D}\right)^2\right] \tag{4.62}$$

其中,A 为截面面积;D_{en} 为密度;D_{mean} 为平均直径;σ_D 为标准差。

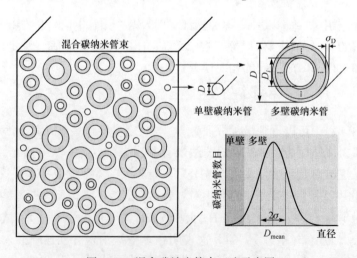

图 4.29　混合碳纳米管束互连示意图

定义碳纳米管的填充比为

$$f_{\text{CNT}} = \frac{\pi}{4A} \int D^2 N(D) \, \mathrm{d}D = \frac{\pi D_{\text{en}}}{4}(D_{\text{mean}}^2 + \sigma_D^2) \tag{4.63}$$

对于一根直径为 D 的单壁(或多壁)碳纳米管,其本征电阻 $R(D,l)$ 和动电感 L_{K} (D,l) 都是直径和长度的函数,可以由式(4.3)和式(4.13)(或式(4.24)和式(4.34))得到。此时,混合碳纳米管束的总电阻和总电感为

$$R_{\text{CNTB}} = \left[\iint \frac{N(D)}{R(D,l)} \mathrm{d}D \right]^{-1} \tag{4.64}$$

$$L_{\text{CNTB}} = \left[\iint \frac{N(D)}{L_{\text{K}}(D,l)} \mathrm{d}D \right]^{-1} \tag{4.65}$$

研究表明,当标准差 σ_D 较小时,混合碳纳米管束完全可以用直径为 D_{mean} 的纯单壁或纯多壁碳纳米管束替代,此时式(4.64)退化为式(4.18)。针对混合碳纳米管束互连的应用,有学者提出通过精细的排列布局来进一步抑制耦合噪声[29],但这种方法过于理想化,难以加工,并不现实。

4.1.4　碳纳米管通孔

碳纳米管通常在竖直方向上生长,更加适合垂直互连线的应用。在片上多层互连结构中可以用碳纳米管替换铜材料构造片上通孔,如图 4.30(a)所示。尽管理论分析表明,碳纳米管通孔的电阻要大于铜通孔电阻,但引入碳纳米管通孔可明显

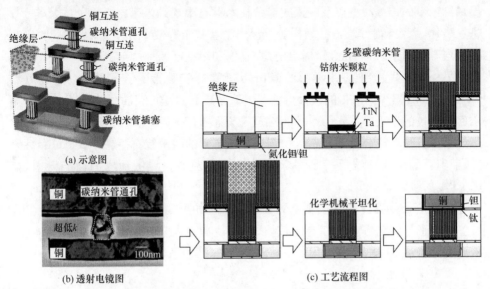

图 4.30　碳纳米管通孔的示意图、透射电镜图和工艺流程图[30]

改善系统可靠性[13]。这主要是因为传统铜通孔中极易出现电迁移问题,正如表 3.1 所指出的,碳纳米管的最大可承载电流密度大于 $10^9\,A/cm^2$,比铜的最大可承载电流密度高出 2~3 个数量级。此外,传统铜通孔需要加入扩散垫垒来防止铜原子的扩散,而碳纳米管通孔不需要额外的扩散垫垒层,进一步降低了加工复杂度。

图 4.30(b)给出了实际加工得到的碳纳米管通孔透射电镜图,具体的工艺流程在图 4.30(c)中给出。首先,在铜互连上的介质层中使用传统光刻和干法刻蚀技术制造出一个通孔,用物理气相沉积法沉积一层氧化钽/钽垫垒层和氧化钛接触层。然后,在上面沉积一层钴颗粒,应用热化学气相沉积法生长多壁碳纳米管束,再用旋涂玻璃法和机械抛光技术对表面进行平坦化处理。最后,使用物理气相沉积法制造上一层铜互连[30]。

4.2　石墨烯互连

虽然碳纳米管互连可以改善系统性能,缓解电迁移问题带来的压力,但目前仍无法有效解决碳纳米管的水平生长以及与传统 CMOS 工艺的兼容问题,且通常加工中得到的单壁碳纳米管的手征性都是随机的。相比于碳纳米管,石墨烯为二维平面结构,在加工和集成方面具有明显优势,且其手征性可控。研究表明,当互连线宽度小于 8nm 时,石墨烯纳米带的电阻值要远小于相同宽度铜导线的电阻值[31,32]。美国加利福尼亚大学圣塔芭芭拉分校的徐川博士等系统研究了多层石墨烯纳米带的传输特性以及嵌入式掺杂技术对石墨烯纳米带电学性能的影响[33];进一步地,意大利学者 Sarto 教授等及国内学者基于等效单导体传输线模型,研究了多层石墨烯纳米带的频域/时域响应、延迟和串扰问题[21,34,35]。

另外,美国佐治亚理工学院的 Murali 教授等实验验证了石墨烯互连的可靠性[36],证明石墨烯纳米带的最大可承载电流密度超过 $10^8\,A/cm^2$;纽约州立大学奥尔巴尼分校的于天骅博士等[37]和麻省理工学院的 Lee 博士等[38]分别针对高定向热解石墨机械剥离和化学气相沉积方法生长得到的微米级石墨烯开展了可靠性研究,证实石墨烯互连线可满足国际半导体技术发展路线图预测的性能要求,如图 4.31 所示。进一步地,斯坦福大学的 Chen 博士等[39]和麻省理工学院的 Lee 博士等[40]将石墨烯互连线集成到 CMOS 电路中,如图 4.32 所示。这些实验表示,石墨烯易于与传统 CMOS 工艺集成,适于构造满足未来性能需求的片上互连线,从而维持摩尔定律的继续深化。

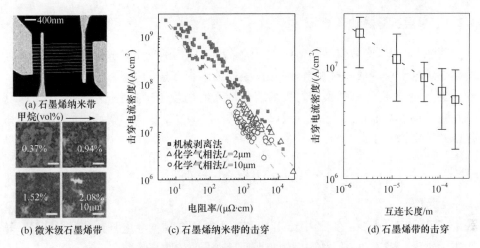

(a) 石墨烯纳米带

(b) 微米级石墨烯带

(c) 石墨烯纳米带的击穿

(d) 石墨烯带的击穿

图 4.31　石墨烯纳米带和石墨烯带互连的击穿电流密度[36,38]

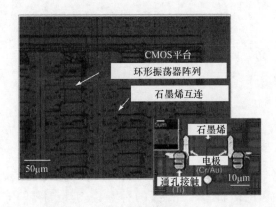

(a) CMOS环振器

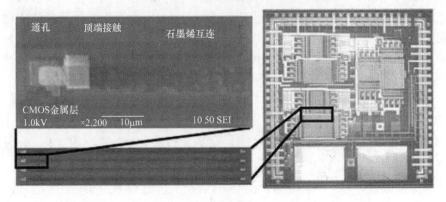

(b) CMOS芯片

图 4.32　基于石墨烯互连的 CMOS 环形振荡器[39]和 CMOS 芯片[40]

4.2.1　单层石墨烯纳米带互连

图 4.33 所示为放置在地平面之上的单层石墨烯纳米带互连结构。一般来说，石墨烯纳米带可看成一维材料，因此石墨烯纳米带互连的等效电路模型与碳纳米管互连相同，如图 4.3 所示。石墨烯纳米带互连的量子接触电阻、散射电阻、动电感及量子电容可通过式(3.13)、式(4.3)、式(4.13)及式(4.15)得到，而静电电容和磁电感分别为

$$C_{\mathrm{E}} = \varepsilon M \left[\tanh \left(\frac{\pi W}{4d} \right) \right] \tag{4.66}$$

$$L_{\mathrm{M}} = \mu \varepsilon / C_{\mathrm{E}} \tag{4.67}$$

其中，函数 $M(k)$ 在式(2.20)中给出；ε 和 μ 为周围介质的介电常数和磁导率；W 为石墨烯纳米带的宽度；d 为石墨烯纳米带与地平面的距离。

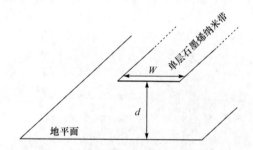

图 4.33　单层石墨烯纳米带互连线示意图

在石墨烯纳米带互连的参数计算中，除了有效导电沟道数(见 3.3.3 节)，还需注意电子平均自由程的提取。对于悬置的石墨烯，实验测得缺陷散射所对应的平均自由程为 $1\mu\mathrm{m}$[41]；但将石墨烯放置在二氧化硅衬底上，受充电杂质和表面极性声子散射的影响，石墨烯的平均自由程降为 100nm；而将石墨烯放置在氮化硼衬底时，石墨烯的平均自由程可达 300nm[42]。除了受衬底影响，石墨烯纳米带的平均自由程还受边缘散射的影响，即电子在石墨烯纳米带中纵向运动时两次碰撞到边缘之间的平均长度为[43]

$$\lambda_i = \frac{1}{1-p} \frac{v_\perp}{v_\parallel} W = \frac{1}{1-p} \frac{k_\parallel}{k_\perp} W = \frac{W}{1-p} \sqrt{\left(\frac{E_{\mathrm{F}}}{i \Delta E} \right)^2 - 1} \tag{4.68}$$

其中，E_{F} 为费米能级；$\Delta E \approx 2\mathrm{eV} \cdot \mathrm{nm}/W$；$v_\perp$ 和 $v_\parallel$ ($k_\parallel$ 与 $k_\perp$)分别表示电子在纵向和横向的速度(波矢)；p 为石墨烯纳米带边缘的镜面系数，$p=0$ 时石墨烯纳米带的边缘为漫散射，$p=1$ 时边缘为镜面反射，目前实验已观测到 0 和 0.8 的镜面系数值[43]。

此时，根据马西森定律可以得到各个子带的有效平均自由程为

$$\lambda_{i,\text{eff}} = \left(\frac{1}{\lambda_d} + \frac{1}{\lambda_i}\right)^{-1} \tag{4.69}$$

如图 4.34 所示,镜面系数 p 与费米能级 E_F 都会影响边缘散射对应的平均自由程 λ_i,从而改变各个子带的有效平均自由程 $\lambda_{i,\text{eff}}$。费米能级或镜面系数越大,得到的石墨烯纳米带各个子带的平均自由程就越大。此时,石墨烯纳米带的总电导为

$$G = \frac{2e^2}{h} \sum_i \frac{1}{1 + l/\lambda_{i,\text{eff}}} = \frac{2e^2}{h} \sum_i \frac{1}{1 + l/\lambda_d + l/\lambda_i} \tag{4.70}$$

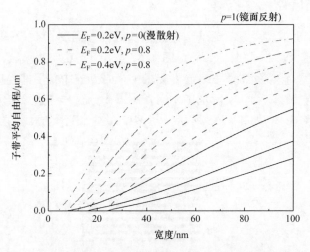

图 4.34　金属性扶手椅型石墨烯纳米带互连的有效平均自由程[32]

图 4.35 给出了金属性扶手椅型石墨烯纳米带互连的单位长度电阻,可以看到边缘散射的影响在互连线宽度大于 10nm 时十分显著。粗糙边缘可导致石墨烯纳

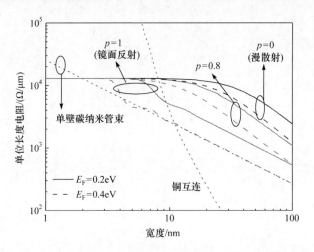

图 4.35　金属性扶手椅型石墨烯纳米带互连的单位长度电阻

米带互连的电阻值增大一个数量级,因此必须继续探索和改进加工工艺,以得到平滑边缘的高质量石墨烯纳米带。一定条件下,石墨烯纳米带的电阻值接近于单壁碳纳米管束电阻值。特别地,当费米能级 $E_F > 0.4\mathrm{eV}$ 时,石墨烯纳米带的电学性能超过了理想条件下的单壁碳纳米管束互连。然而,即便在理想条件下,当宽度大于 10nm 时,单层石墨烯纳米带的电阻值仍远大于铜互连电阻值,因此有必要采用多层石墨烯纳米带构造互连线,减小阻抗参数,提升性能。

4.2.2　多层石墨烯纳米带互连

图 4.36 给出了多层石墨烯纳米带互连的截面示意图,其中石墨烯宽度为 w,厚度为 t,层数为 $N = 1 + \mathrm{Inter}(t/\delta)$。图 4.37 给出了多层石墨烯纳米带互连的多导体传输线模型,该模型中假设多层石墨烯纳米带互连中每层都连接着接触电极,均可用于传输电流。然而,实际加工中通常难以得到这样的边缘接触电极,较为常见的是顶端接触形式,如图 4.38 所示。与多壁碳纳米管类似,多层石墨烯纳米带

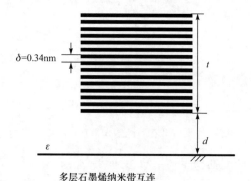

多层石墨烯纳米带互连

图 4.36　多层石墨烯纳米带互连示意图

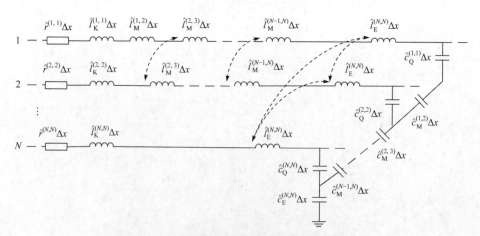

图 4.37　多层石墨烯纳米带互连的多导体传输线模型

互连不但有层内电阻 R_{layer}，邻近石墨烯层间还有垂直电阻 R_{perp}。针对顶端接触的多层石墨烯纳米带互连，美国佐治亚理工学院的 Naeemi 教授等提出了电阻网络的建模方法，从基尔霍夫电压定律出发建立输入-输出矩阵关系，最终数值计算提取多层石墨烯纳米带互连的等效电阻[44]。研究发现，随着互连线长度的增加，邻近石墨烯层的重叠面积增大，层间垂直电阻 R_{perp} 不断减小，而层内电阻 R_{layer} 随之增大。因此，当互连长度超过一定数值时，接触电极的形式对电学性能不再产生影响，这将在后文中加以证明。

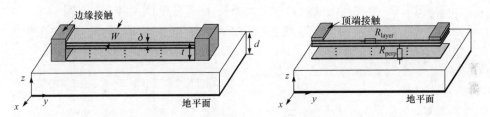

图 4.38　边缘接触和顶端接触的多层石墨烯纳米带互连示意图

如前所述，衬底会影响石墨烯纳米带的费米能级和平均自由程，但在多层石墨烯纳米带互连中，仅底层和顶层较少的石墨烯层会受到周围介质的影响，因此完全可以忽略衬底的影响。为便于分析，此处假设每层石墨烯都具有相同的费米能级和平均自由程。正如图 4.35 中所指出的，在应用石墨烯构造片上互连时，必须先发展先进的掺杂技术来提高费米能级，降低电阻。目前已有多种石墨烯的掺杂方法，例如，在缺陷处置入其他原子或在石墨烯带的边缘进行掺杂[45,46]。由于相关技术仍在探索之中，在图 4.37 的等效电路模型中认为多层石墨烯纳米带互连的层间距不受掺杂的影响。

在之前的研究中发现，金属性和半导体性石墨烯纳米带的性能相近，甚至在一定范围内半导体性石墨烯纳米带的电阻率比金属性的还要小，此处假设多层石墨烯纳米带完全由金属性扶手椅型石墨烯纳米带堆叠而成。与多壁碳纳米管类似，多层石墨烯纳米带互连的多层体传输线模型可以降阶为等效单导体传输线模型（见图 4.15(b)），其中等效量子电容和等效动电感可以通过迭代方法计算（见式(4.28)和式(4.34)）。在多层石墨烯纳米带互连等效单导体传输线模型中，等效动电感与费米能级和石墨烯层数呈倒数关系，如图 4.39(a)所示。这主要是因为石墨烯纳米带的动电感远大于磁电感，多层石墨烯纳米带互连的等效动电感可表示为

$$\hat{l}_{\text{K}} = \frac{l_{\text{K}}}{N} = \frac{h}{4e^2 v_{\text{F}}} \frac{1}{NN_{\text{ch}}} = \frac{8}{N\alpha E_{\text{F}}W}\text{nH}/\mu\text{m} \tag{4.71}$$

其中，$\alpha = 1.2\text{eV}^{-1} \cdot \text{nm}^{-1}$；$v_{\text{F}}$ 为费米速度。

与等效动电感不同，等效量子电容随费米能级的增大而不断减小。当石墨烯层数大于一定数值（例如 10 层）时，多层石墨烯纳米带互连的等效量子电容趋于稳

定,如图 4.39(b)所示。为解释这一现象,可比较多层石墨烯纳米带互连与多壁碳纳米管互连的等效量子电容[6]。多壁碳纳米管中,层间耦合电容随直径的增大而线性增大,而多层石墨烯纳米带互连中的层间耦合电容不再变化。当石墨烯层数大于一定数值后,多层石墨烯纳米带互连的等效量子电容可表示为

$$\hat{c}_{\mathrm{Q}} = \frac{c_{\mathrm{Q}}}{2} + \sqrt{\frac{1}{4} c_{\mathrm{Q}}^2 + c_{\mathrm{M}} c_{\mathrm{Q}}} \approx 100 \alpha E_{\mathrm{F}} w \left(1 + \sqrt{1 + \frac{1}{\alpha \beta E_{\mathrm{F}}}} \right) \mathrm{aF/\mu m} \quad (4.72)$$

式(4.71)和式(4.72)中互连线宽度的单位为 nm,费米能级的单位为 eV,β=2.3nm。图 4.39 中的实线通过数值迭代得到,而符号是使用解析公式计算的。一般来说,集成电路中互连线的高宽比($\mathrm{AR} = t/w$)在 2 和 3 之间,在此范围内式(4.71)和式(4.72)完全适用。

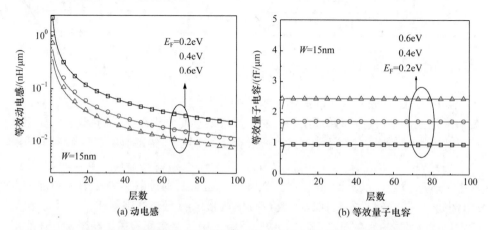

(a) 动电感　　　　　　　　　　　　　(b) 等效量子电容

图 4.39　多层石墨烯纳米带互连等效单导体模型中的等效动电感和等效量子电容

尽管悬置石墨烯的平均自由程可达 $1\mu\mathrm{m}$,但在多层石墨烯结构中,由于受到层间电子跃迁的影响,电子的平均自由程 λ_{d} 降为 419nm[33]。考虑到边缘散射的影响,石墨烯纳米带各个子带的有效平均自由程由式(4.69)得到。当边缘为镜面反射(即 $p=1$)时,石墨烯纳米带的有效平均自由程仅为 λ_{d},多层石墨烯纳米带互连的总电阻为

$$R_{\mathrm{total}} = \frac{h}{2e^2} \frac{1}{N N_{\mathrm{ch}}} \left(1 + \frac{l}{\lambda_{\mathrm{d}}} \right) \quad (4.73)$$

而一般情况($0 \leqslant p < 1$)下,必须数值计算多层石墨烯纳米带互连的总电阻:

$$R_{\mathrm{total}} = \frac{h}{2e^2} \left[\sum_i \left(1 + \frac{l}{\lambda_{i,\mathrm{eff}}} \right)^{-1} \right]^{-1} \quad (4.74)$$

图 4.40(a)给出了宽度为 15nm、高宽比为 2 时铜互连、单壁碳纳米管束与多层石墨烯纳米带互连的电阻率,其中多层石墨烯纳米带互连的电阻率用 $\rho = R_{\mathrm{total}}$ wt/l 计算。从图 4.40(a)可以看到,多层石墨烯纳米带互连的电阻率随费米能级

的增大而减小,在理想情况下多层石墨烯纳米带的电阻率略大于单壁碳纳米管束互连,但仍优于传统铜互连。相比于碳纳米管互连,多层石墨烯纳米带互连的电阻率受长度的影响较小。从图 4.40(b)可以看到,在多层石墨烯纳米带互连应用中必须考虑边缘散射的影响,否则将导致石墨互连的电学性能被严重高估。例如,对于费米能级为 0.6eV 的多层石墨烯纳米带,当 p 从 1 降为 0 时,电阻率 ρ 将从 $1.64\mu\Omega\cdot$ cm 增大至 $10.06\mu\Omega\cdot$ cm,即增大了 5.13 倍。

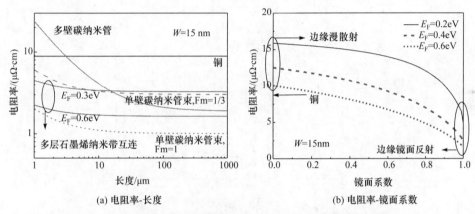

(a) 电阻率-长度　　　　　　　　(b) 电阻率-镜面系数

图 4.40　多层石墨烯纳米带互连的电阻率随长度和镜面系数的变化曲线

　　受接触电阻影响,碳纳米材料用于局部层互连主要是为了提高可靠性,对信号延迟等电学性能的改善并不大。根据国际半导体技术发展路线图所预测的结构参数,图 4.41 比较了铜互连和多层石墨烯纳米带互连在中间层和全局层中的延迟性能。可以看到,使用石墨烯替换铜材料构造互连线,可以显著地减小信号延迟,且石墨烯互连的性能优势随截面尺寸的缩小变得更加显著。即便假定石墨烯纳米带为漫散射边缘(即 $p=0$),应用多层石墨烯纳米带仍可得到略优于铜互连的电学性

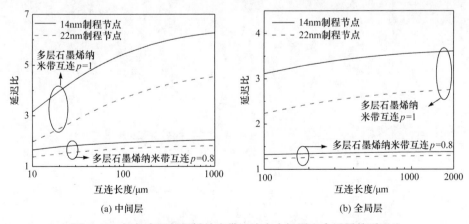

(a) 中间层　　　　　　　　　　(b) 全局层

图 4.41　铜与多层石墨烯纳米带互连在中间层和全局层的延迟比

能。实验研究表明,石墨烯纳米带的不良接触电阻比碳纳米管的小,因此在图 4.41 的分析中忽略了不良接触电阻的影响。图 4.42 给出了不良接触电阻 R_{mc} 对石墨烯纳米带互连信号延迟的影响,可以看到即便不良接触电阻 R_{mc} 增大到 50kΩ,多层石墨烯纳米带互连的延迟也仅增大了 5%。对于 $p=0.8$ 的多层石墨烯纳米带互连,不良接触电阻的影响更小。考虑到多层石墨烯纳米带的具体应用情况,在后续分析中将不再讨论。

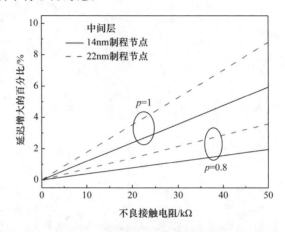

图 4.42　不良接触电阻对多层石墨烯纳米带互连的影响

图 4.43 给出了三根互连的等效电路模型,基于该模型可研究多层石墨烯纳米

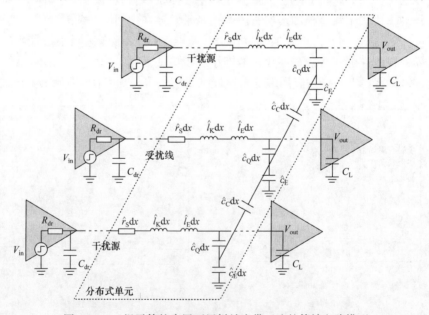

图 4.43　三根平等的多层石墨烯纳米带互连的等效电路模型

带互连中的串扰问题。研究表明,考虑串扰效应后,多层石墨烯纳米带互连相对于传统铜互连的性能优势并没有受到影响,两者的噪声电压幅值也极为接近,如图 4.44 所示。随着制程节点的推进,互连线间距变小,耦合电容增大,因此噪声电压幅值随着制程节点的缩小而增大,如图 4.44(b)所示。

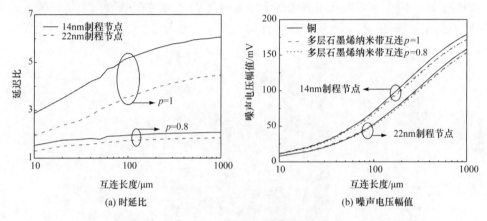

(a) 时延比　　　　　　　　　　　　(b) 噪声电压幅值

图 4.44　串扰影响下铜与多层石墨烯纳米带互连的时延比和噪声电压幅值

4.3　全碳纳米互连

考虑到石墨烯和 CNT 分别在水平和竖直方向上各自具有优势,可将两者结合起来构造片上全碳三维互连结构。图 4.45 给出了片上全碳三维互连结构的一种工艺方案,考虑到石墨烯和碳纳米管的各向异性,此处使用金属构造电极连接石

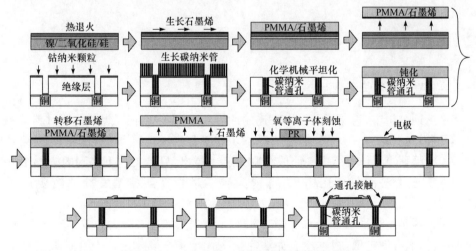

图 4.45　片上全碳三维互连结构的工艺方案

墨烯水平互连和碳纳米管通孔。首先在镍/二氧化硅/硅衬底上生长多层石墨烯,同时在另一基底上生长好碳纳米管通孔,并对表面进行抛光和钝化处理。然后将石墨烯转移到已生长好的碳纳米管通孔上,利用氧等离子体刻蚀得到所需要的石墨烯互连结构,制造电极,继而刻蚀通孔,沉积金属将石墨烯互连与碳纳米管通孔连接起来。当然,也可在水平石墨烯上放置催化剂,直接在竖直方向上生长碳纳米管,如图4.46所示,但用这种方法得到的三维互连结构可能会有较大的接触电阻。

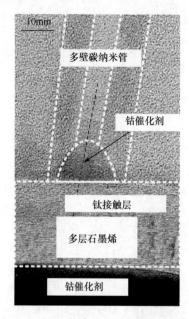

图 4.46　石墨烯上直接生长碳纳米管[47]

4.4　铜-碳纳米互连

4.4.1　铜-碳纳米管混合互连

在上述分析中,为探索碳纳米互连的性能极限,均假定在理想条件下对碳纳米互连开展建模研究工作。然而,在实际加工和制备中很难得到非常理想的碳纳米材料。在国际半导体技术发展路线图中也已经指出,目前工艺下得到的碳纳米管束的密度还无法满足应用需求,这成为碳纳米管互连技术发展的主要瓶颈之一[15]。

大量的实验测试结果显示,现有的碳纳米材料虽然具有较大的载流容量,可靠性很好,但电导率过低,根本没有办法完全替代传统金属构造片上互连线。相对地,传统金属很快就将面临各种致命的可靠性问题,如图 4.47(a)所示。为解决这一难题,可在生长好的碳纳米管束中继续沉积金属,构造铜-碳纳米管混合材料作为高性能、高可靠性互连的解决方案[48]。实验证实,铜-碳纳米管混合材料兼具传统金属优良的导电特性和碳纳米材料极高的载流能力。由图 4.47(b)和图 4.47(c)可见,铜-碳纳米管混合材料的击穿电流密度远高于铜和金,且导电特性不易受温度影响,这表明用铜-碳纳米管混合材料构造片上互连可有效改善系统的电-热性能和物理可靠性。

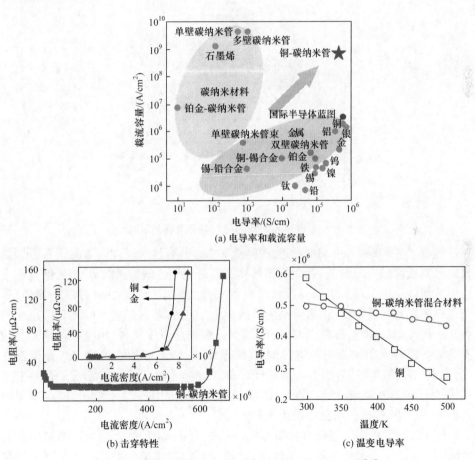

图 4.47　金属、碳纳米与铜-碳纳米管混合材料的比较[48]

4.4.2　铜-石墨烯异质互连

　　类似地,将已生长好的石墨烯材料转移到铜互连的表面,或在铜互连表面直接生长多层石墨烯,可以得到铜-石墨烯异质互连结构。韩国光州科学技术院的Kang 博士等首次实现了这一结构,实验表明在引入石墨烯后,互连线的击穿电流密度得到明显提升[49]。然而,在文献[49]中,铜互连的截面尺寸为 $2\mu m \times 2\mu m$,石墨烯厚度仅为 5nm。显然,当互连线尺寸较小时,引入石墨烯的作用将更加明显。为此,我国台湾学者采用化学气相沉积法,在截面尺寸为 200nm×200nm 的铜互连表面直接生长多层石墨烯,发现石墨烯层可令互连线的击穿电流密度提升一个数量级[50]。基于有限元方法,我们研究铜-石墨烯异质互连的电-热响应,发现引入石墨烯可有效降低互连线的最大温升[51],如图 4.48 所示。

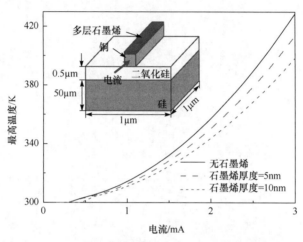

图 4.48　电流注入下铜-石墨烯异质互连的最高温度

随着尺寸的缩小,传统铜互连受扩散势垒的影响越来越大。考虑到石墨烯是目前已知最薄的二维材料,利用石墨烯构造传统铜互连线的扩散势垒,可能是铜互连中扩散势垒的最终方案。我国台湾的 Nguyen 等实验证实 1nm 厚度石墨烯(即三层石墨烯)作为铜互连扩散势垒的有效性[52];随后,韩国延世大学和美国斯坦福大学的研究团队相继开展了相关研究[53,54]。根据这一发现,杭州电子科技大学的王高峰教授研究团队首先开展了铜-石墨烯异质互连(即用石墨烯包裹住铜互连线)的电路建模研究[55],如图 4.49 所示。2015 年,普渡大学学者实现了这一互连结构[56]。实验发现,石墨烯层可有效降低铜导线中的电子表面散射,减小电阻率及温升,同时互连线的可靠性也得到较大改善。

图 4.50 给出了铜-石墨烯异质互连的等效电路模型,假设铜和石墨烯层之间彼此独立。由于感性电抗远小于电阻,建模中可以忽略感性电抗。为了不失一般性,此处定义铜导线顶部、底部、左侧和右侧的石墨烯层数分别为 N_t、N_b、N_l 和 N_r,其中下标 t、b、l 和 r 分别代表顶部、底部、左侧和右侧放置石墨烯时对应的电路参数。互连线的宽度、厚度和长度为 w、t 和 l,而内部铜导线的宽度和厚度则定义为 w_{Cu} 和 t_{Cu},在计算内部铜导线的电阻率时需要注意式(2.45)中代入的尺寸信息应为 w_{Cu} 和 t_{Cu}。为了得到准确的电路参数,将互连线沿长度方向划分为 M 段,仿真发现 M 为 40 时已可满足计算精度要求。

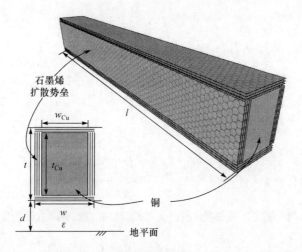

图 4.49 利用石墨烯构造扩散势垒的铜-石墨烯异质互连线示意图

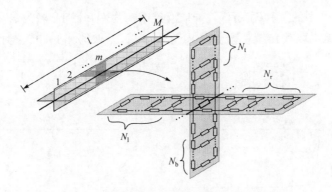

图 4.50 铜-石墨烯异质互连线的等效电路模型

为便于分析,图 4.51 中只给出了铜互连顶部生长石墨烯的电路模型,其中 R_{Cu}、R_{gr}、$R_{Cu\text{-}gr}$ 和 $R_{gr\text{-}gr}$ 分别代表铜互连电阻、石墨烯层内电阻、铜-石墨烯层间电阻和石墨烯-石墨烯层间电阻,根据划分段数得到图 4.51 中的电阻参数 R_1、R_2、R_3 和 R_4。通过数学推导,可以得到顶部生长石墨烯的铜-石墨烯异质互连的有效电阻为

$$R_{\text{eff,t}} = \sum_{m=1}^{M} \sum_{m=1}^{M} \left(\frac{1}{R_1} \left[\boldsymbol{I}^1 \right]_{M \times M} + \boldsymbol{A}_{21t} \boldsymbol{A}_{11t}^{-1} \right)^{-1} \tag{4.75}$$

其中,$\boldsymbol{A}_t = \boldsymbol{H}_{Cu\text{-}gr} \boldsymbol{H}_{gr\text{-}gr}^{Nt-1}$,$\boldsymbol{H}_{Cu\text{-}gr}$ 和 $\boldsymbol{H}_{gr\text{-}gr}$ 可根据基尔霍夫电压定律建立电压-电流关系得到[44]。

铜互连的电压矩阵和电流矩阵定义为 $\boldsymbol{V}_1$ 和 $\boldsymbol{I}_1$,电流源为 I_s,铜-石墨烯异质互连模型满足关系 $\boldsymbol{V}_1 = \boldsymbol{V}_{1t} = \boldsymbol{V}_{1b} = \boldsymbol{V}_{1l} = \boldsymbol{V}_{1r}$ 和 $I_s \boldsymbol{I}_{M \times 1}^1 = \boldsymbol{I}_{1t} + \boldsymbol{I}_{1b} + \boldsymbol{I}_{1l} + \boldsymbol{I}_{1r}$。因此,将式(4.75)扩展到其他情形,即可得到铜-石墨烯异质互连有效电阻的通用公式:

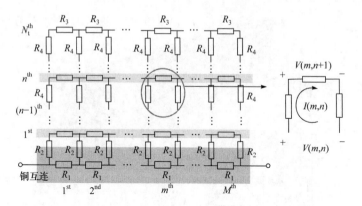

图 4.51　顶部生长石墨烯的铜-石墨烯异质互连的等效电路模型

$$R_{\mathrm{eff}} = \sum_{m=1}^{M}\sum_{m=1}^{M}\left(\frac{1}{R_1}\boldsymbol{I}_{M\times M}^1 + \sum_{i=\mathrm{t,b,l,r}}\boldsymbol{A}_{21i}\boldsymbol{A}_{11i}^{-1}\right)^{-1} \tag{4.76}$$

　　以图 4.52 中的三种铜-石墨烯异质互连结构为例,分别命名为铜-石墨烯 1(仅顶部用石墨烯层取代传统扩散势垒)、铜-石墨烯 2(顶部和底部放置石墨烯层)和

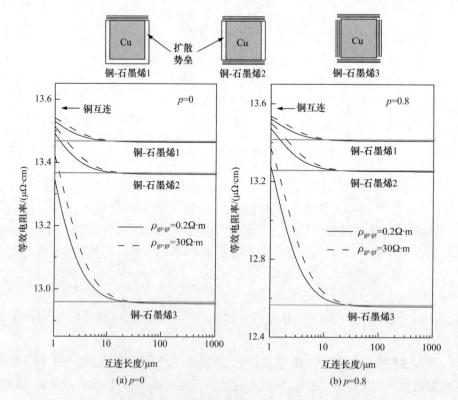

图 4.52　石墨烯镜面系数不同时铜-石墨烯异质互连的等效电阻率

铜-石墨烯 3(使用石墨烯层包裹住铜导线)。图 4.52 给出了这三种结构在石墨烯边缘的镜面系数为 0 和 0.8 时的等效电阻率。仿真选取的互连线宽度为 16nm,高宽比为 2.1,扩散势垒厚度为 1nm(对应着三层石墨烯)。从图中可以看到,降低石墨烯层间的电阻率可提高铜-石墨烯异质互连的导电性能。当互连长度超过某一数值时,石墨烯层间电阻率的变化对导电性能不再产生影响,电阻率达到最小值 $(R_{\mathrm{Cu}}^{-1}+R_{\mathrm{gr\text{-}t}}^{-1})^{-1}$,$R_{\mathrm{gr\text{-}t}}$ 为围绕铜互连周围所有石墨烯层的总电阻值。

　　实验表明,铜-石墨烯异质互连的击穿通常发生在石墨烯层[50],这是由石墨烯氧化导致的[57]。在实际的集成电路中,铜-石墨烯异质互连周围由电介质包围,可极大减少石墨烯的氧化,此时内部铜导线的可靠性成为关键因素。图 4.53 给出了电流通过内部铜导线时的分布曲线,可知由于石墨烯的高导电特性,电流可被引入石墨烯层,从而减小流过内部铜导线的电流,提高互连线的物理可靠性。同样,图 4.53 中也给出了石墨烯边缘的镜面系数对电流分布的影响。可以看到提升石墨烯层的质量,可进一步改善互连线的可靠性。然而,尽管引入石墨烯作为扩散势垒可在一定程度上延续铜/低 k 介质互连的应用,但互连线尺寸的进一步缩小必然导致加工/集成难度的增加。因此,后摩尔时代集成电路的片上纳米互连仍需采用"从下向上"的途径,继续探索适用于纳米互连的新型材料、结构及工艺技术。

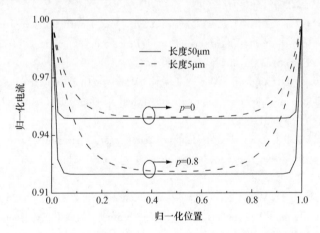

图 4.53　铜-石墨烯异质互连中铜导线上的电流分布曲线

参 考 文 献

[1] Naeemi A, Meindl J D. Design and performance modeling for single-walled carbon nanotubes as local, semiglobal, and global interconnects in gigascale integrated systems[J]. IEEE Transactions on Electron Devices, 2007, 54(1):26-37.

[2] Srivastava N, Li H, Kreupl F, et al. On the applicability of single-walled carbon nanotubes as VLSI interconnects[J]. IEEE Transactions on Nanotechnology, 2009, 8(4):542-559.

[3] Li H, Yin W Y, Banerjee K, et al. Circuit modeling and performance analysis of multi-walled carbon nanotube interconnects[J]. IEEE Transactions on Electron Devices, 2008, 55(6): 1328-1337.

[4] Rossi D, Cazeaux J M, Metra C, et al. Modeling crosstalk effects in CNT bus architecture[J]. IEEE Transactions on Nanotechnology, 2007, 6(2): 133-145.

[5] Pu S N, Yin W Y, Mao J F, et al. Crosstalk prediction of single-and double-walled carbon nanotube(SWCNT/DWCNT) bundle interconnects[J]. IEEE Transactions on Electron Devices, 2009, 56(4): 560-568.

[6] Sarto M S, Tamburrano A. Single-conductor transmission-line model of multiwall carbon nanotubes[J]. IEEE Transactions on Nanotechnology, 2010, 9(1): 82-92.

[7] D'Amore M, Sarto M S, Tamburrano A. Fast transient analysis of next-generation interconnects based on carbon nanotubes[J]. IEEE Transactions on Electromagnetic Compatibility, 2010, 52(2): 496-503.

[8] Liang F, Wang G F, Lin H. Modeling of crosstalk effects in multiwall carbon nanotube interconnects[J]. IEEE Transactions on Electromagnetic Compatibility, 2012, 54(1): 133-139.

[9] Close G F, Yasuda S, Paul B, et al. Measurement of subnanosecond delay through multiwall carbon-nanotube local interconnects in a CMOS integrated circuits[J]. IEEE Transactions on Electron Devices, 2009, 56(1): 43-49.

[10] Li H, Liu W, Cassell A M, et al. Low-resistivity long-length horizontal carbon nanotube bundles for interconnect applications—Part I: Process development[J]. IEEE Transactions on Electron Devices, 2013, 60(9): 2870-2876.

[11] Pop E, MannA D, Goodson K, et al. Electrical and thermal transport in metallic single-walled carbon nanotubes on insulating substrates[J]. Journal of Applied Physics, 2007, 101(9): 093710-1-093710-10.

[12] Naeemi A, Meindl J D. Physical modeling of temperature coefficient of resistance for single-and multi-wall carbon nanotube interconnects[J]. IEEE Electron Device Letters, 2007, 28(2): 135-138.

[13] Li H, Srivastava N, Mao J F, et al. Carbon nanotube vias: Does ballistic electron-phonon transport imply improved performance and reliability?[J] IEEE Transactions on Electron Devices, 2011, 58(8): 2689-2701.

[14] Jamal O, Naeemi A. Ultralow-power single-wall carbon nanotube interconnects for sub-threshold circuits[J]. IEEE Transactions on Nanotechnology, 2011, 10(1): 99-101.

[15] International Technology Roadmap for Semiconductors(ITRS). IRTS reports[EB/OL]. http://www. itrs2. net/itrs-roports. html[2016-07-10].

[16] Ceyhan A, Naeemi A. Cu interconnect limitations and opportunities for SWNT interconnects at the end of the roadmap[J]. IEEE Transactions on Electron Devices, 2013, 60(1): 374-382.

[17] Zhao W S, Wang G, Hu J, et al. Performance and stability analysis of monolayer single-

walled carbon nanotube interconnects[J]. International Journal of Numerical Modelling: Electronic Networks, Devices and Fields, 2015, 28(4): 456-464.

[18] Collins P G, Arnold M S, Avouris P. Engineering carbon nanotubes and nanotube circuits using electrical breakdown[J]. Science, 2001, 292(5517): 706-709.

[19] Li H J, Lu W G, Li J J, et al. Multichannel ballistic transport in multiwall carbon nanotubes[J]. Physical Review Letters, 2005, 95(8): 086601-1-086601-4.

[20] Bourlon B, Miko C, Forro L, et al. Determination of the intershell conductance in multiwall carbon nanotubes[J]. Physical Review Letters, 2004, 93(17): 176806-1-176806-6.

[21] Zhao W S, Yin W Y. Comparative study of multilayer graphene nanoribbon(MLGNR)interconnects[J]. IEEE Transactions on Electromagnetic Compatibility, 2014, 56(3): 638-645.

[22] Liang F, Wang G, Ding W. Estimation of time delay and repeater insertion in multiwall carbon nanotube interconnects[J]. IEEE Transactions on Electron Devices, 2011, 58(8): 2712-2720.

[23] Liang F, Wang G, Lin H. Modelling of self-heating effects in multi-wall carbon nanotube interconnects[J]. Micro & Nano Letters, 2011, 6(1): 52-54.

[24] Kim P, Shi L, Majumdar A, et al. Thermal transport measurement of individual multiwalled nanotubes[J]. Physical Review Letters, 2001, 87(21): 215502-1-215502-4.

[25] Chiu H Y, Deshpande V V, Postma H W C, et al. Ballistic phonon thermal transport in multiwalled carbon nanotubes[J]. Physical Review Letters, 2005, 95(22): 226101-1-226101-4.

[26] Zhao W S, Wang G, Sun L, et al. Repeater insertion for carbon nanotube interconnects[J]. Micro & Nano Letters, 2014, 9(5): 337-339.

[27] Cheung C L, Kurtz A, Park H, et al. Diameter-controlled synthesis of carbon nanotubes[J]. The Journal of Physical Chemistry B, 2002, 106(10): 2429-2433.

[28] Haruehanroengra S, Wang W. Analyzing conductance of mixed carbon-nanotube bundles for interconnects applications[J]. IEEE Electron Device Letters, 2007, 28(8): 756-759.

[29] Subash S, Kolar J, Chowdhury M H. A new spatially rearranged bundle of mixed carbon nanotubes as VLSI interconnection[J]. IEEE Transactions on Nanotechnology, 2013, 12(1): 3-12.

[30] Awano Y, Sato S, Nihei M, et al. Carbon nanotubes for VLSI: Interconnect and transistor applications[J]. Proceedings of the IEEE, 2010, 98(12): 2015-2031.

[31] Naeemi A, Meindl J D. Conductance modeling for graphene nanoribbon (GNR) interconnects[J]. IEEE Electron Device Letters, 2007, 28(5): 428-431.

[32] Naeemi A, Meindl J D. Compact physics-based circuit models for graphene nanoribbon interconnects[J]. IEEE Transactions on Electron Devices, 2009, 56(9): 1822-1833.

[33] Xu C, Li H, Banerjee K. Modeling, analysis, and design of graphene nano-ribbon interconnects[J]. IEEE Transactions on Electron Devices, 2009, 56(8): 1567-1578.

[34] Sarto M S, Tamburrano A. Comparative analysis of TL models for multilayer graphene nanoribbon and multiwall carbon nanotube interconnects[C]. Proceedings of the IEEE Inter-

national Symposium on Electromagnetic Compatibility, Fort Lauderdale, 2010.

[35] Cui J P, Zhao W S, Yin W Y, et al. Signal transmission analysis of multilayer graphene nano-ribbon (MLGNR) interconnects[J]. IEEE Transactions on Electromagnetic Compatibility, 2012, 54(1): 126-132.

[36] Murali R, Yang Y, Brenner K, et al. Breakdown current density of graphene nanoribbon[J]. Applied Physics Letters, 2009, 94(24): 243114-1-243114-4.

[37] Yu T H, Liang C W, Kim C, et al. Three-dimensional stacked multilayer graphene intercon-nects[J]. IEEE Electron Device Letters, 2011, 32(8): 1110-1112.

[38] Lee K J, Chandrakasan A P, Kong J. Breakdown current density of CVD grown multilayer graphene interconnects[J]. IEEE Electron Device Letters, 2011, 32(4): 557-559.

[39] Chen X, Akinwande D, Lee K J, et al. Fully integrated graphene and carbon nanotube inter-connects for gigahertz high-speed CMOS electronics[J]. IEEE Transactions on Electron Devices, 2010, 57(11): 3137-3143.

[40] Lee K J, Qazi M, Kong J, et al. Low-swing signaling on monolithically integrated global gra-phene interconnects[J]. IEEE Transactions on Electron Devices, 2010, 57(12): 3418-3425.

[41] Bolotin K I, Sikes K, Jiang Z, et al. Ultrahigh electron mobility in suspended graphene[J]. Solid State Communications, 2008, 146(9): 351-355.

[42] Dean C R, Young A F, Meric I, et al. Boron nitride substrates for high quality graphene elec-tronics[J]. Nature Nanotechnology, 2010, 5(10): 722-726.

[43] Wang X, Ouyang Y, Jiao L, et al. Graphene nanoribbons with smooth edges behave as quan-tum wires[J]. Nature Nanotechnology, 2011, 6(9): 563-567.

[44] Kumar V, Rakheja S, Naeemi A. Performance and energy-per-bit modeling of multilayer gra-phene nanoribbon conductors[J]. IEEE Transactions on Electron Devices, 2012, 59(10): 2753-2761.

[45] Wang H, Wang Q, Cheng Y, et al. Doping monolayer graphene with single atom substitu-tions[J]. Nano Letters, 2012, 12(1): 141-144.

[46] Yan Q, Huang B, Yu J, et al. Intrinsic current-voltage characteristics of graphene nanorib-bon transistors and effect of edge doping[J]. Nano Letters, 2007, 7(6): 1469-1473.

[47] Nihei M. CNT/graphene technologies for advanced interconnects and TSVs[C]. Proceedings of the SEMATECH Symposium Taiwan, HsinChu, 2012.

[48] Subramaniam C, Yamada T, Kobashi K, et al. One hundred fold increase in current carrying capacity in a carbon nanotube-copper composite [J]. Nature Communications, 2013, 4(2202): 1-7.

[49] Kang C G, Lim S K, Lee S, et al. Effects of multi-layer graphene capping on Cu intercon-nects[J]. Nanotechnology, 2013, 24(11): 115707-1-115707-5.

[50] Yeh C H, Medina H, Lu C C, et al. Scalable graphite/copper bishell composite for high-per-formance interconnects[J]. ACS Nano, 2014, 8(1): 275-282.

[51] Zhang R, Zhao W S, Hu J, et al. Electrothermal characterization of multilevel Cu-graphene

heterogeneous interconnects in the presence of an electrostatic discharge(ESD)[J]. IEEE Transactions on Nanotechnology,2015,14(2):205-209.

[52] Nguyen B S,Lin J F,Perng D C. 1-nm-thick graphene tri-layer as the ultimate copper diffusion barrier[J]. Applied Physics Letters,2014,104(8):183-185.

[53] Hong J, Lee S, Lee S, et al. Graphene as an atomically thin barrier to Cu diffusion into Si[J]. Nanoscale,2014,6(13):7503-7511.

[54] Li L,Chen X,Wang C H,et al. Vertical and lateral copper transport through graphene layers[J]. ACS Nano,2015,9(8):8361-8367.

[55] Zhao W S,Wang D,Wang G F,et al,Electrical modeling of on-chip Cu-graphene heterogeneous interconnects[J]. IEEE Electron Device Letters,2015,36(1):74-76.

[56] Mehta R,Chugh S,Chen Z. Enhanced electrical and thermal conduction in graphene-encapsulated copper nanowires[J]. Nano Letters,2015,15(3):2024-2030.

[57] Chen X, Seo D H, Seo S, et al. Graphene interconnect lifetime: A reliability analysis[J]. IEEE Electron Device Letters,2012,33(11):1604-1606.

第 5 章　片上互连的高频特性

除了深度摩尔,后摩尔时代集成电路的发展还应关注非数字部分、多元化的半导体技术,如射频、微波及毫米波技术等。在过去的系统设计中,数字处理部分通常采用低成本的 CMOS 工艺,射频前端一般采用砷化镓等工艺。由于数字部分占据了芯片的大部分面积,只有用 CMOS 实现高频、高性能电路,才能将数字部分与射频前端结合起来,最终实现结构紧凑的单片集成电路[1-3]。随着半导体技术的发展,CMOS 集成电路的工作频率已从过去的兆赫兹发展到当前的吉赫兹,将 CMOS 工艺应用到射频、微波及毫米波技术的可能性越来越大。由于主流 CMOS 工艺是围绕数字电路的需求发展的,研究片上互连的高频特性时必须深入理解信号传输中的各种损耗机理[4-6]。本章将围绕片上互连的高频建模,提取频变电阻和电感,详细分析衬底损耗等效应的影响。

5.1　片上单端互连

由于高频下的导体损耗和衬底损耗,将 CMOS 工艺应用于高频电路时一般利用全局金属层构造互连、电感等元器件[7]。在低频应用中主要关注互连线的电阻、电容和载流能力,而在高频应用中必须考虑互连线的频率效应,在阻抗参数提取中要注意趋肤效应和邻近效应的影响。如图 5.1 所示,片上互连放置在二氧化硅/硅衬底上,宽度为 w,厚度为 t,长度为 l,互连线到硅衬底的距离为 t_{ox},硅衬底的厚度为 h_{Si}。在片上互连的高频模型中,电阻 $R(f)$ 和电感 $L(f)$ 均为频变参数,互连与硅衬底之间的耦合电容为 C_{ox},硅衬底的电容和电导为 C_{Si} 和 G_{Si}。

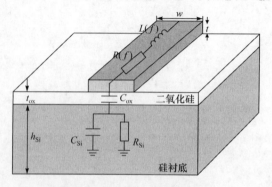

图 5.1　片上互连及等效电路模型

图 5.2 给出了片上互连线的等效电路模型单元(互连线沿长度共划分为 N_s 段),其中耦合电容 C_{ox} 为[8,9]

$$C_{ox} = C_{BOT}\left(\frac{w}{t_{ox}}\right) + 2C_{VP}\left(\frac{t}{t_{ox}}\right) + 0.69C_{TOP}\left(\frac{w}{t+t_{ox}}\right) \tag{5.1}$$

C_{BOT}、C_{VP} 和 C_{TOP} 通过式(2.13)~式(2.15)进行提取(见图 2.9);衬底电容 C_{Si} 和衬底电导 G_{Si} 为[10]

$$C_{Si} = 3.96 \frac{\pi\varepsilon_0\varepsilon_{eff}l}{\ln[8h_{Si}/w + w/(4h_{Si})]} \tag{5.2}$$

$$G_{Si} = \frac{1+(1+10h_{Si}/w)^{-1/2}}{3.5105 - 0.19325w} \frac{\pi\sigma_{Si}l}{\ln[8h_{Si}/w + w/(4h_{Si})]} \tag{5.3}$$

其中,σ_{Si} 为硅衬底的电导率;ε_{eff} 为

$$\varepsilon_{eff} = \frac{\varepsilon_{Si}+1}{2} + \frac{\varepsilon_{Si}-1}{2}\sqrt{1+\frac{10h_{Si}}{w}} \tag{5.4}$$

ε_0 为真空介电常数;ε_{Si} 为硅衬底的相对介电常数。

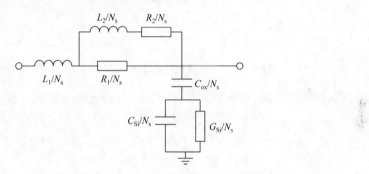

图 5.2　片上互连高频模型的单元

第 2 章中提到,互连线频变阻抗参数可采用 PEEC 方法提取。在 PEEC 方法中,将互连线在横截面上剖分为 $N \times M$ 个均匀的单元导体(剖分必须足够精细,以保证单元导体上的电流均匀分布),如图 5.3(a)所示。图 5.3(b)给出了 PEEC 方法的等效电路图,图中单元导体的电阻、电感和互感为[11]

$$R_f = \frac{l}{\sigma w_f^2} \tag{5.5}$$

$$L_f = \frac{\mu_0 l}{2\pi}\left[\ln\left(\frac{l}{w_f}\right) + 0.5 + 0.447\frac{w_f}{l}\right] \tag{5.6}$$

$$M_{ij} = \frac{\mu_0 l}{2\pi}\left[\ln\left(\frac{l}{d_{ij}}\right) + \sqrt{1+\frac{l^2}{d_{ij}^2}} + \frac{d_{ij}}{l} - \sqrt{1+\frac{d_{ij}^2}{l^2}}\right] \tag{5.7}$$

其中,μ_0 为真空磁导率;σ 为导体电导率;w_f 和 l 分别为单元导体的宽度和长度;d_{ij} 为第 i 个单元导体与第 j 个单元导体中心点的距离。

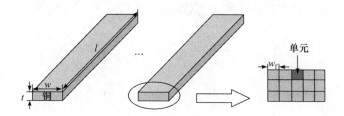

(a) 多根平行互连线结构

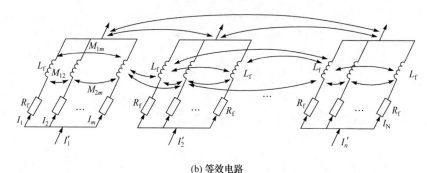

(b) 等效电路

图 5.3　PEEC 方法中多根平行互连线的结构和等效电路

根据欧姆定律,所有单元导体上的电压和电流的关系可表达为矩阵形式:

$$\begin{bmatrix} \boldsymbol{V}_1 \\ \boldsymbol{V}_2 \\ \vdots \\ \boldsymbol{V}_N \end{bmatrix} = \begin{bmatrix} \boldsymbol{Z}_{11} & \boldsymbol{Z}_{12} & \cdots & \boldsymbol{Z}_{1N} \\ \boldsymbol{Z}_{21} & \boldsymbol{Z}_{22} & \cdots & \boldsymbol{Z}_{2N} \\ \vdots & \vdots & & \vdots \\ \boldsymbol{Z}_{N1} & \boldsymbol{Z}_{N2} & \cdots & \boldsymbol{Z}_{NN} \end{bmatrix} \begin{bmatrix} \boldsymbol{I}_1 \\ \boldsymbol{I}_2 \\ \vdots \\ \boldsymbol{I}_N \end{bmatrix} \tag{5.8}$$

其中,$\boldsymbol{V}_i$ 和 $\boldsymbol{I}_i$ 分别表示第 i 根导体上的电压和电流分布:

$$\boldsymbol{V}_i = \begin{bmatrix} V_{i1} & V_{i2} & \cdots & V_{iM} \end{bmatrix}^{\mathrm{T}} \tag{5.9}$$

$$\boldsymbol{I}_i = \begin{bmatrix} I_{i1} & I_{i2} & \cdots & I_{iM} \end{bmatrix}^{\mathrm{T}} \tag{5.10}$$

$\boldsymbol{Z}_{ij}$ 是一个 $M \times M$ 阶的矩阵:

$$\boldsymbol{Z}_{ij}(p, q) = R_{ip}\delta_{ij}\delta_{pq} + \mathrm{j}\omega L_{(ip)(jp)} \tag{5.11}$$

其中,δ_{ij} 为单位冲激函数;ω 为角频率。

对式(5.8)中的 $\boldsymbol{Z}$ 矩阵求逆,可以得到

$$\begin{bmatrix} \boldsymbol{I}'_1 \\ \boldsymbol{I}'_2 \\ \vdots \\ \boldsymbol{I}'_N \end{bmatrix} = [\boldsymbol{Y}]_{N \times N} \begin{bmatrix} \boldsymbol{V}'_1 \\ \boldsymbol{V}'_2 \\ \vdots \\ \boldsymbol{V}'_N \end{bmatrix} = \begin{bmatrix} \boldsymbol{Y}'_{11} & \boldsymbol{Y}'_{12} & \cdots & \boldsymbol{Y}'_{1n} \\ \boldsymbol{Y}'_{21} & \boldsymbol{Y}'_{22} & \cdots & \boldsymbol{Y}'_{2n} \\ \vdots & \vdots & & \vdots \\ \boldsymbol{Y}'_{N1} & \boldsymbol{Y}'_{N2} & \cdots & \boldsymbol{Y}'_{NN} \end{bmatrix} \begin{bmatrix} \boldsymbol{V}'_1 \\ \boldsymbol{V}'_2 \\ \vdots \\ \boldsymbol{V}'_N \end{bmatrix} \tag{5.12}$$

已知每根导体上所有单元的电压和电流存在着以下关系:

$$V_i = V_{i1} = V_{i2} = \cdots = V_{iM} \tag{5.13}$$

$$I_i = I_{i1} + I_{i2} + \cdots + I_{iM} \tag{5.14}$$

将式(5.13)和式(5.14)代入式(5.12),可以得到

$$
\begin{bmatrix} I_1 \\ I_2 \\ \vdots \\ I_n \end{bmatrix} = \begin{bmatrix} Y_{11} & Y_{12} & \cdots & Y_{1n} \\ Y_{21} & Y_{22} & \cdots & Y_{2n} \\ \vdots & \vdots & & \vdots \\ Y_{n1} & Y_{n2} & \cdots & Y_{nn} \end{bmatrix} \begin{bmatrix} V_1 \\ V_2 \\ \vdots \\ V_n \end{bmatrix} \tag{5.15}
$$

其中,$n = M \times N$;$Y_{ij} = \sum\limits_{p=1}^{M} \sum\limits_{q=1}^{M} Y'_{ij}(p,q)$。

对式(5.15)求逆,得到

$$
\begin{bmatrix} V_1 \\ V_2 \\ \vdots \\ V_n \end{bmatrix} = \begin{bmatrix} Z_{11} & Z_{12} & \cdots & Z_{1n} \\ Z_{21} & Z_{22} & \cdots & Z_{2n} \\ \vdots & \vdots & & \vdots \\ Z_{n1} & Z_{n2} & \cdots & Z_{nn} \end{bmatrix} \begin{bmatrix} I_1 \\ I_2 \\ \vdots \\ I_n \end{bmatrix} \tag{5.16}
$$

根据式(5.16)中的 $\boldsymbol{Z}$ 矩阵,可得回路的有效电阻和有效电感为

$$R_{\mathrm{eff}} = \mathrm{Re}\left(\sum_{i=1}^{n} \sum_{j=1}^{n} Z_{ij} \right) \tag{5.17}$$

$$L_{\mathrm{eff}} = \frac{1}{\omega} \mathrm{Im}\left(\sum_{i=1}^{n} \sum_{j=1}^{n} Z_{ij} \right) \tag{5.18}$$

对于图 5.4 中信号-地与地-信号-地结构的单端互连线,推导得到对应的跨导矩阵为

$$[Y] = \begin{bmatrix} Y_{11} & Y_{12} \\ Y_{21} & Y_{22} \end{bmatrix} \tag{5.19}$$

$$[Y] = \begin{bmatrix} Y_{22} & Y_{21}+Y_{23} \\ Y_{12}+Y_{32} & Y_{11}+Y_{13}+Y_{31}+Y_{33} \end{bmatrix} \tag{5.20}$$

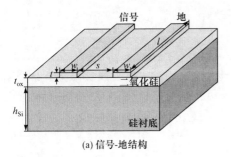

(a) 信号-地结构   (b) 地-信号-地结构

图 5.4 片上共面单端互连线

将跨导矩阵代入式(5.15)，再通过后续变换即可得到回路电路和电感参数。由于 PEEC 方法占用了大量的计算资源，实际应用中必须发展矩阵的稀疏近似逆技术。图 5.5 比较了 PEEC 方法与商业仿真软件 Q3D 提取得到的回路电阻，发现应用 PEEC 方法可以准确地提取回路的频变参数。

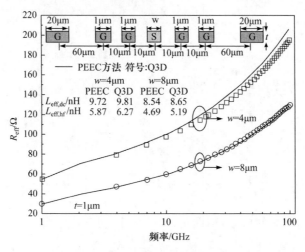

图 5.5　互连线的频变回路电阻

除了互连线本身的回路电阻，当互连线放置在硅衬底（特别是重掺杂硅衬底）上时还应考虑衬底涡流损耗。利用复数镜像法可得到衬底电阻为

$$R_{\text{eff, eddy}} = \mu_0 l f \times \text{Im}\left[\ln\left(\frac{l}{\Theta} + \sqrt{1 + \frac{l^2}{\Theta^2}}\right) - \sqrt{1 + \frac{\Theta^2}{l^2}} + \frac{\Theta}{l}\right] \tag{5.21}$$

其中

$$\Theta = \exp\left(\ln d - \frac{w^2}{12d^2} - \frac{w^4}{60d^4} - \frac{w^6}{168d^6} - \frac{w^8}{360d^8} - \frac{w^{10}}{660d^{10}}\right) \tag{5.22}$$

$$d = 2t_{\text{ox}} + (1-j)\delta_{\text{Si}}\tanh\left[\frac{(1+j)h_{\text{Si}}}{\delta_{\text{Si}}}\right] \tag{5.23}$$

$\delta_{\text{Si}} = 1/\sqrt{\pi f \mu_0 \sigma_{\text{Si}}}$，为硅衬底的趋肤深度；$f$ 为频率。

因此，总的回路阻抗为

$$Z_{\text{loop}} = R_{\text{eff}} + R_{\text{eff, eddy}} + j\omega L_{\text{eff}} \tag{5.24}$$

为了与 SPICE 仿真软件兼容，通常在电路模型中使用非频变参数。因此，图 5.2 中的阻抗部分使用阶梯模型替代频变参数，在阶梯模型中可以用非频变参数(R_1、R_2、L_1 和 L_2)来模拟频变特性。阶梯模型中的非频变参数可以通过下式得到[8]：

$$R_1 = R_{\text{loop, hf}} \tag{5.25}$$

$$L_1 = L_{\text{loop, hf}} \tag{5.26}$$

$$R_2 = \frac{R_{\text{loop,hf}} \cdot R_{\text{loop,dc}}}{R_{\text{loop,hf}} - R_{\text{loop,dc}}} \tag{5.27}$$

$$L_2 = (L_{\text{loop,dc}} - L_{\text{loop,hf}}) \left(\frac{R_{\text{loop,hf}}}{R_{\text{loop,hf}} - R_{\text{loop,dc}}} \right)^2 \tag{5.28}$$

其中，$R_{\text{loop}} (= \text{Re}(Z_{\text{loop}}))$ 和 $L_{\text{loop}} (= \text{Im}(Z_{\text{loop}})/\omega)$ 为互连线的回路电阻和回路电感；角标 dc 和 hf 分别代表直流/低频和高频条件。

以图 5.4(b)给出的地-信号-地互连结构为例，模型中地线的宽度为 $w_g = 27\mu\text{m}$，厚度为 $t = 2\mu\text{m}$，地线距离信号线中心点 125μm，硅衬底的厚度为 $h_{\text{Si}} = 270\mu\text{m}$。实验采用矢量网络分析仪 Anritsu W3700 测量该结构的散射系数。为了能够准确得到被测器件的性能参数，必须对测试结果进行去嵌入处理。此处采用文献[12]中给出的去嵌入技术(如图 5.6 所示)，使用参数 Z 和 Y 表示探针等测试设备引入的寄生参量，这些寄生参量的传输矩阵为

$$T_{\text{THRU}} = \begin{bmatrix} 1 & Z \\ Y & 1+YZ \end{bmatrix} \begin{bmatrix} 1+YZ & Z \\ Y & 1 \end{bmatrix} \tag{5.29}$$

则被测器件的传输矩阵为

$$T_{\text{DUT}} = \begin{bmatrix} 1 & Z \\ Y & 1+YZ \end{bmatrix}^{-1} T_{\text{meas}} \begin{bmatrix} 1+YZ & Z \\ Y & 1 \end{bmatrix}^{-1} \tag{5.30}$$

其中，T_{meas} 为引入被测器件后测量得到的总传输矩阵。

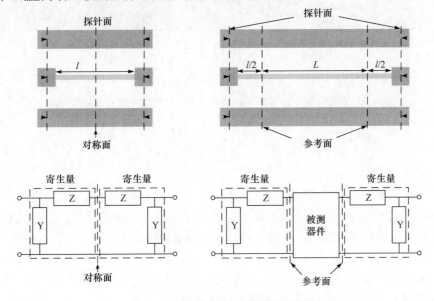

图 5.6　互连线测试的去嵌入结构

图 5.7 中给出了单端互连线的传输特性,其中实线和虚线分别是使用等效电路模型和商业仿真软件 Momentum 得到的,符号是实验测试结果。从图中可以看到,图 5.2 给出的等效电路模型在直流到 110GHz 范围内可以精确预测片上互连的传输特性。进一步地,为了提升片上互连的高频性能,通常使用接地栅格屏蔽或在衬底中刻蚀空腔来减小衬底损耗[13-15],如图 5.8 所示。

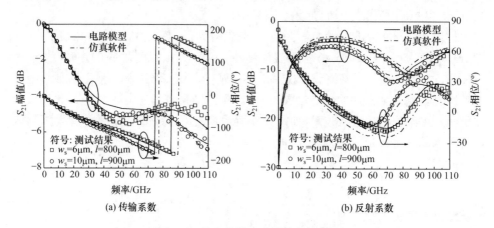

(a) 传输系数　　　　　　　　　　　(b) 反射系数

图 5.7　片上单端互连线的传输特性

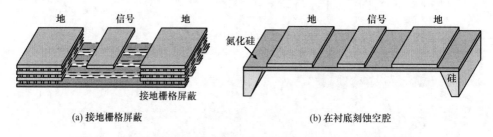

(a) 接地栅格屏蔽　　　　　　　　　　(b) 在衬底刻蚀空腔

图 5.8　通过接地栅格屏蔽和在衬底中刻蚀空腔减小互连线衬底损耗

5.2　片上耦合互连

图 5.9 和图 5.10 分别给出了片上耦合互连线的结构示意图和等效电路模型,其中信号线宽度为 $w_s=2\mu m$,地线宽度为 $w_g=5\mu m$,互连线的厚度为 $t=2\mu m$,长度为 $l=300\mu m$,信号线-地线以及信号线-信号线的间距为 $s_1=s_2=10\mu m$,氧化层厚度为 $t_{ox}=4\mu m$,硅衬底厚度为 $h_{Si}=50\mu m$。耦合互连线上的信号通常可表示为差模和共模的组合,两者的区别在于信号线上的电流方向,如图 5.11 所示。根据两种模型下的电流方向,可以得到对应的跨导矩阵:

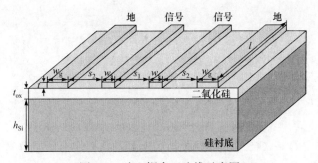

图 5.9　片上耦合互连线示意图

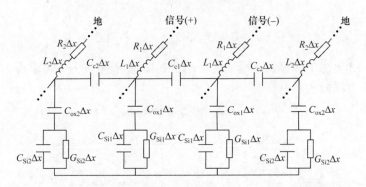

图 5.10　片上耦合互连线的等效电路模型

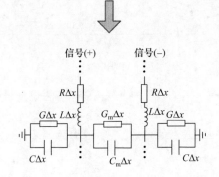

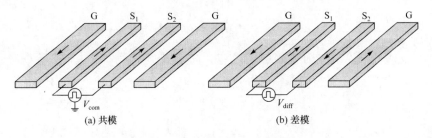

图 5.11　共模和差模下的电流流向图

共模

$$\begin{bmatrix} I_s \\ I_g \end{bmatrix} = \begin{bmatrix} Y_{22}+Y_{23}+Y_{32}+Y_{33} & Y_{21}+Y_{24}+Y_{31}+Y_{34} \\ Y_{12}+Y_{13}+Y_{42}+Y_{43} & Y_{11}+Y_{14}+Y_{41}+Y_{44} \end{bmatrix} \begin{bmatrix} V_s \\ V_g \end{bmatrix} \tag{5.31}$$

差模

$$\begin{bmatrix} I_s \\ I_g \end{bmatrix} = \begin{bmatrix} Y_{11}+Y_{13}+Y_{31}+Y_{33} & Y_{12}+Y_{14}+Y_{32}+Y_{34} \\ Y_{21}+Y_{23}+Y_{41}+Y_{43} & Y_{22}+Y_{24}+Y_{42}+Y_{44} \end{bmatrix} \begin{bmatrix} V_s \\ V_g \end{bmatrix} \tag{5.32}$$

通过式(5.16)~式(5.18)得到单位长度的总电阻和总电感分别为

$$R = \frac{1}{l} \mathrm{Re}(Z_{11}+Z_{22}-Z_{12}-Z_{21}) \tag{5.33}$$

$$L = \frac{1}{\omega l} \mathrm{Im}(Z_{11}+Z_{22}-Z_{12}-Z_{21}) \tag{5.34}$$

图 5.12 给出了偶模和奇模下的电场分布图,根据电场分布可求得相应的耦合电容,其中偶模时的总电容为[16]

$$C_{t,\mathrm{even}} = C_{a,\mathrm{even}} + C_{d,\mathrm{even}} \tag{5.35}$$

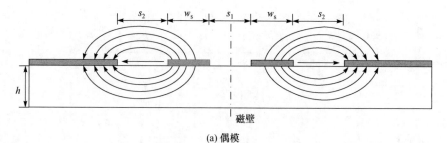

(a) 偶模

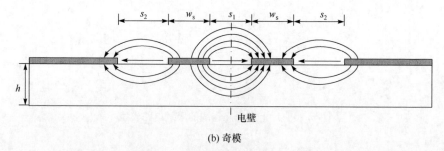

(b) 奇模

图 5.12　偶模和奇模的电场分布图

其中,$C_{d,\mathrm{even}}$是仅有一层介质时的耦合电容[9],这层介质的相对介电常数为(ε_r-1);电容 $C_{a,\mathrm{even}}$是没有介质时的耦合电容,可表示为

$$C_{a,\mathrm{even}} = 2\varepsilon_0 \frac{K(\delta k_1)}{K'(\delta k_1)} \tag{5.36}$$

其中,$K(\cdot)$为第一类完全椭圆积分;$K'(\cdot)=K(k')$,$k'=\sqrt{1-k^2}$,

$$\delta = \sqrt{\frac{1-r^2}{1-k_1^2 r^2}} \tag{5.37}$$

$$r = \frac{s_1}{s_1 + 2w_s} \tag{5.38}$$

$$k_1 = \frac{s_1 + 2w_s}{s_1 + 2w_s + s_2} \tag{5.39}$$

电容 $C_{d,even}$ 为[17]

$$C_{d,even} = \varepsilon_0 (\varepsilon_r - 1) \frac{K(\psi k_2)}{K'(\psi k_2)} \tag{5.40}$$

其中

$$\psi = \sqrt{\frac{1-r_1^2}{1-k_2^2 r_1^2}} \tag{5.41}$$

$$r_1 = \frac{\sinh(\pi s_1/4h)}{\sinh\{(s_1/2 + w_s)[\pi/(2h)]\}} \tag{5.42}$$

$$k_2 = \frac{\sinh\{(s_1/2 + w_s)[\pi/(2h)]\}}{\sinh\{(s_1/2 + w_s + s_2)[\pi/(2h)]\}} \tag{5.43}$$

类似地,奇模时的总电容为

$$C_{t,odd} = C_{a,odd} + C_{d,odd} \tag{5.44}$$

电容 $C_{a,odd}$ 和 $C_{d,odd}$ 分别为[17]

$$C_{a,odd} = 2\varepsilon_0 \frac{K(\delta)}{K'(\delta)} \tag{5.45}$$

$$C_{d,odd} = 2\varepsilon_0 (\varepsilon_r - 1) \frac{K(k_3)}{K'(k_3)} \tag{5.46}$$

其中

$$k_3 = \frac{C_{11}(1 + \kappa C_{12})}{C_{12} + \kappa C_{11}^2} \tag{5.47}$$

$$C_{11} = \frac{1}{2} \left[\left(\frac{1+C_{13}}{1+C_{14}} \right)^{1/4} - \left(\frac{1+C_{14}}{1+C_{13}} \right)^{1/4} \right] \tag{5.48}$$

$$C_{13} = \sinh^2 \left[\frac{\pi}{2h} \left(\frac{s_1}{2} + w_s \right) \right] \tag{5.49}$$

$$C_{12} = \frac{1}{2} \left[\frac{\sqrt{1+C_{15}}}{[(1+C_{13})(1+C_{14})]^{1/4}} - \frac{[(1+C_{13})(1+C_{14})]^{1/4}}{\sqrt{1+C_{15}}} \right] \tag{5.50}$$

$$C_{15} = \sinh^2 \left[\frac{\pi}{2h} \left(\frac{s_1}{2} + w_s + s_2 \right) \right] \tag{5.51}$$

$$\kappa = \frac{1}{C_{12} - \chi} \left[-1 - \frac{C_{12}\chi}{C_{11}^2} - \sqrt{\left(\frac{C_{12}^2}{C_{11}^2} - 1 \right) \left(\frac{\chi^2}{C_{11}^2} - 1 \right)} \right] \tag{5.52}$$

$$\chi = -\frac{1}{2}\{[(1+C_{13})(1+C_{14})]^{1/4} - [(1+C_{13})(1+C_{14})]^{-1/4}\} \tag{5.53}$$

根据 Veyers-Fouad Hanna 近似,可以得到两根信号互连线之间的耦合电容 C_{c1} 和信号-地线之间的耦合电容 C_{c2}:

$$C_{c1} = \frac{C_{t,odd} - C_{t,even}}{2} \tag{5.54}$$

$$C_{c2} = C_{t,even} \tag{5.55}$$

氧化层电容、衬底电容和衬底电导可通过式(5.1)~式(5.4)得到。

图 5.10 中的等效电路模型可通过由 Y 电路到 Δ 电路的 Y-Δ 变换进行简化,简化后的等效电容和电导为

$$G_m = \mathrm{Re}\left[\frac{Z_2}{2Z_1(Z_1+Z_2)}\right] \tag{5.56}$$

$$C_m = C_{c1} + \frac{1}{\omega}\ \mathrm{Im}\left[\frac{Z_2}{2Z_1(Z_1+Z_2)}\right] \tag{5.57}$$

$$G = \mathrm{Re}\left(\frac{1}{Z_1+Z_2}\right) \tag{5.58}$$

$$C = C_{c2} + \frac{1}{\omega}\ \mathrm{Im}\left(\frac{1}{Z_1+Z_2}\right) \tag{5.59}$$

其中,$Z_1 = (j\omega C_{ox1})^{-1} + (G_{Si1}+j\omega C_{Si1})^{-1}$;$Z_2 = (j\omega C_{ox2})^{-1} + (G_{Si2}+j\omega C_{Si2})^{-1}$。

基于简化的等效电路模型,可以得到耦合互连线的传输特性,如图 5.13 所示。图中实线是使用等效电路模型得到的,符号是使用全波电磁仿真软件 HFSS 得到的。由于电容公式不够精确,图 5.13(b)和图 5.13(d)中使用等效电路模型得到的相位存在一定误差,但仍在可接受的范围内。因此,可认为图 5.10 给出的等效电路模型可在直流至 100GHz 的频率范围内准确预测耦合互连线的传输特性。

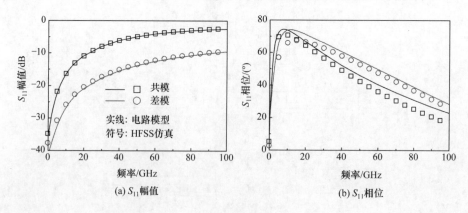

(a) S_{11} 幅值　　　　　　　　　(b) S_{11} 相位

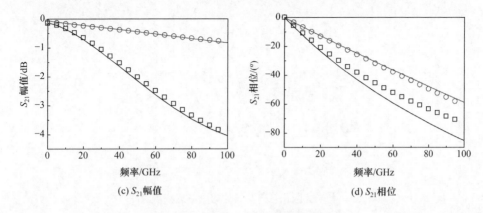

(c) S_{21}幅值　　　　　　　(d) S_{21}相位

图 5.13　耦合互连线的散射系数

5.3　碳纳米互连的高频特性

5.3.1　碳纳米管互连

与片上纳米互连类似,碳纳米材料也可用于传输高频信号,且当前集成电路中数字信号的频谱最高频率可达数十吉赫兹,因此有必要研究碳纳米互连的高频特性。美国莱斯大学的 Nieuwoudt 博士等将碳纳米管束互连的等效直流电导率代入 PEEC 方法,数值提取碳纳米管束的电感参数[18]。这种方法的计算效率高,但无法考虑碳纳米管动电感对趋肤效应和邻近效应的影响。美国加利福尼亚大学圣芭芭拉分校的 Li 等将动电感与 PEEC 方法的阻抗矩阵相结合,准确提取了碳纳米管互连的频变阻抗参数[19]。用这种方法虽然可以精确计算碳纳米管束互连的频变参数,但会占用大量仿真资源。为提升效率,此处采用等效复电导率的概念对碳纳米管互连进行建模研究[20]。

图 5.14(a)给出了一根碳纳米管束互连的截面示意图,为便于分析,可将碳纳米管束看成在纵向方向具有等效复电导率 σ 的同质材料。在碳纳米管束中,电场满足以下公式:

$$\nabla^2 \boldsymbol{E} = j\omega\mu\sigma\boldsymbol{E} \tag{5.60}$$

其中,ω 为角频率;μ 为磁导率;σ 为等效复电导率:

$$\sigma = \frac{l}{wt}\frac{1}{R_{\mathrm{CNTB}} + j\omega L_{\mathrm{CNTB}}} \tag{5.61}$$

其中,w、t 和 l 为互连线的宽度、厚度和长度;R_{CNTB} 和 L_{CNTB} 分别为碳纳米管束的总电阻和动电感。

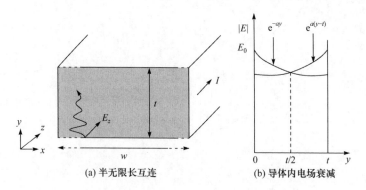

(a) 半无限长互连　　　　　　　　(b) 导体内电场衰减

图 5.14　半无限长互连与导体内电场衰减示意图[19]

对于均匀填充的碳纳米管束(即其碳纳米管尺寸相同),等效复电导率还可表示为[19]

$$\sigma = \frac{\sigma_0}{1 + j\omega\tau} \tag{5.62}$$

其中,$\sigma_0 = ne^2\tau/m^*$,e 为电子电荷;τ 为弛豫时间;n 为载流子密度;m^* 为有效质量。

假设互连线为半无限长(即 $w \gg t$),电流沿长度方向(即 z 方向)传输,此时电场垂直于 xz 平面:

$$\frac{d^2 E_z}{dy^2} = j\omega\mu\sigma E_z = \Gamma^2 E_z \tag{5.63}$$

其中,$\Gamma = \sqrt{j\omega\mu\sigma} = \alpha + j\beta$。

求解式(5.63)可以得到 $E_z = E_0 e^{-\Gamma y} = E_0 e^{-\alpha y - j\beta y}$,导体内电场的分布如图 5.14(b)所示。将等效复电导率代入,可以得到衰减系数为

$$\alpha = \sqrt{\frac{\omega\mu\sigma_0}{2}} \cdot \sqrt{\frac{1}{(\omega\tau)^2 + 1}\left[\sqrt{(\omega\tau)^2 + 1} + \omega\tau\right]} \tag{5.64}$$

此时,趋肤深度为

$$\delta = \frac{1}{\alpha} = \sqrt{\frac{2}{\omega\mu\sigma_0}} \cdot \sqrt{\frac{1}{\sqrt{(\omega\tau)^2 + 1} + \omega\tau}\left[(\omega\tau)^2 + 1\right]} \tag{5.65}$$

传统铜互连线中的弛豫时间很短,在较高频率时 $\omega\tau \ll 1$,因此趋肤深度可表示为 $\delta = \sqrt{2/(\omega\mu\sigma_0)}$。而碳纳米管中的弛豫时间 τ 约为 $500D/v_F$,代入式(5.65)即可得到碳纳米管束的趋肤深度,如图 5.15 所示。从图中可以看到,受碳纳米材料弛豫时间较长的影响,碳纳米管束互连的趋肤深度在频率达到一定值时趋于饱和,即趋肤效应被抑制。多壁碳纳米管束的趋肤深度饱和值远大于单壁碳纳米管,因此多壁碳纳米管的高频性能更好。

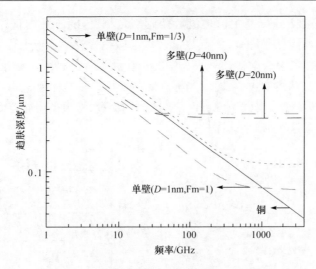

图 5.15　碳纳米管束互连中的趋肤深度[19]

为不失一般性,此处选取混合碳纳米管束来构造片上互连(见 4.1.3 节),等效复电导率通过式(5.61)计算得到。图 5.16 给出了室温下不同平均直径 D_{mean} 的混合碳纳米管束互连的等效复电导率,其中实线和符号分别表示标准差 σ_D 为 0(即碳纳米管直径均为平均直径 D_{mean})和 1.5nm 时的情形填充比 $f_{CNT}=0.5$。随着频率的升高,混合碳纳米管束互连等效复电导率的实部 $Re(\sigma)$ 随之减小,而虚部 $Im(\sigma)$ 先急剧减小,后开始增大,虚部与实部的比值 $|Im(\sigma)/Re(\sigma)|$ 随频率呈线性增大。

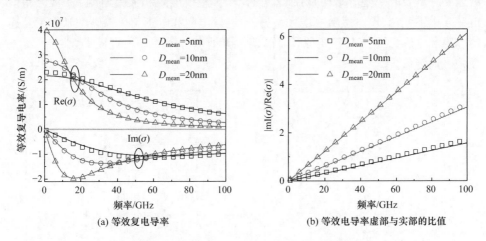

(a) 等效复电导率　　　　　　　(b) 等效电导率虚部与实部的比值

图 5.16　混合碳纳米管束的等效复电导率和等效电导率虚部与实部的比值

将等效复电导率代入 PEEC 方法,可得到混合碳纳米管束互连的有效阻抗参数。图 5.17 给出了单根混合碳纳米管束的频变阻抗参数,其中互连线的宽度和厚度均为 2μm,长度为 300μm。随着碳纳米管束平均直径 D_{mean} 的增大,电阻明显减小,且趋肤效应被进一步抑制。电感趋势则与之相反,随着平均直径 D_{mean} 的增大而增大。因此,可以认为平均直径 D_{mean} 较大的碳纳米管束互连更适宜构造集成电路中的片上螺旋电感。同样,图 5.17 中的实线和符号分别表示标准差 σ_D 为 0 和 1.5nm 的情形。从图中可以发现,当标准差与平均直径的比值 σ_D/D_{mean} 很小时,标准差的影响可以忽略,也就是说可以使用多壁碳纳米管束的电学参数近似分析混合碳纳米管束互连,以减小计算量。

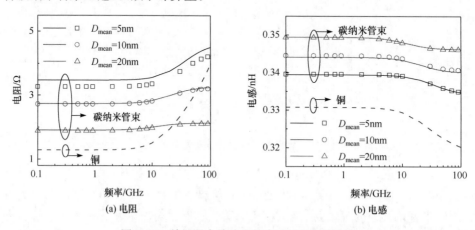

图 5.17　单根混合碳纳米管束互连的阻抗参数

图 5.18 给出了利用混合碳纳米管束构造的耦合互连的频变阻抗参数,其中标准差 $\sigma_D=1.5$nm。随着平均直径 D_{mean} 的增大,差模电阻和共模电阻减小,但差模电感几乎不变,共模电感随之增大。另外,共模电阻和电感与单根碳纳米管束互连的电阻和电感(见图 5.17)相似,因此,增大碳纳米管束的平均直径 D_{mean} 有利于差模信号的传输。

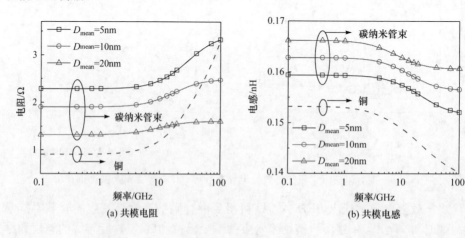

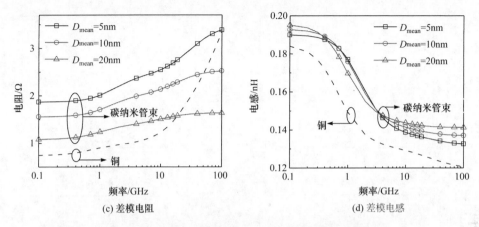

(c) 差模电阻　　　　　　　　　　　　　　　(d) 差模电感

图 5.18　耦合混合碳纳米管束互连的共模和差模阻抗参数

基于图 5.10 给出的等效电路模型和相应的参数提取方法,可进一步研究基于混合碳纳米管束的耦合互连线,分析电学特性。一般情况下,集成电路设计者更关心差分信号的传输,因此这里以差模特征阻抗和传输特性为例进行仿真分析,研究不同设计参数对互连线电学性能的影响。在分析中,耦合碳纳米管互连线的平均直径 D_{mean} 为 20nm,两根信号互连线之间的间距 s_1 为 $10\mu\text{m}$,硅衬底电导率 σ_{Si} 为 10S/m,环境温度为室温(即 $T=300\text{K}$),耦合互连线的特征阻抗为

$$Z_{\text{diff}}=\sqrt{\frac{2(R+\text{j}\omega L)}{(G+2G_{\text{m}})+\text{j}\omega(C+2C_{\text{m}})}} \tag{5.66}$$

图 5.19 给出了平均直径 D_{mean}、两根信号互连线间距 s_1、硅衬底电导率 σ_{Si} 和环境温度 T 对差分特征阻抗实部 $\text{Re}(Z_{\text{diff}})$ 的影响。研究表明,$\text{Re}(Z_{\text{diff}})$ 在数吉赫兹频率时开始趋于 100Ω(即差分互连线的理想特征阻抗值)。根据式(5.66),特征阻抗在低频时主要由电阻 R 和电导 $(G+2G_{\text{m}})$ 决定,高频处则由电感 L 和电容 $(C+2C_{\text{m}})$ 决定。随着平均直径 D_{mean} 的增大,差模电阻明显减小,其他电路参数几乎不变。因此,从图 5.19(a)可以看到 $\text{Re}(Z_{\text{diff}})$ 在低频处随 D_{mean} 的增大而减小,高频处则几乎不受平均直径 D_{mean} 影响。

增大信号互连线间距 s_1 会减小互感,使差模电感变大,电阻和耦合电容随之减小,最终导致 $\text{Re}(Z_{\text{diff}})$ 增大。硅衬底电导率 σ_{Si} 的增大会加剧衬底损耗,即 $(C+2C_{\text{m}})$ 和 $(G+2G_{\text{m}})$ 增大,因此 $\text{Re}(Z_{\text{diff}})$ 在低频处随硅衬底电导率 σ_{Si} 的增大而减小。由于 σ_{Si} 的变化对 $(C+2C_{\text{m}})$ 影响较小,$\text{Re}(Z_{\text{diff}})$ 在高频处变化不大。随着温度升高,$\text{Re}(Z_{\text{diff}})$ 在低频处增大,这主要因为导体损耗增大,而在高频处 $\text{Re}(Z_{\text{diff}})$ 几乎不受环境温度影响。

类似地,基于等效电路模型和所提取的电路参数,可以得到耦合碳纳米管束互连的差模传输系数。图 5.20 分析了平均直径 D_{mean}、信号互连线间距 s_1、硅衬底电

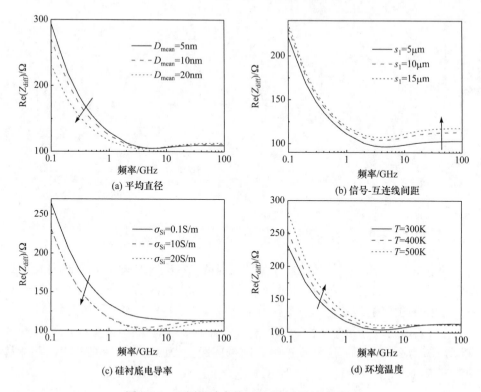

图 5.19　不同设计参数对差分特征阻抗的影响

导率 σ_{Si} 和环境温度 T 对差模传输系数 S_{21} 的影响。研究表明,随着平均直径 D_{mean} 的增大,S_{21} 在低频和中频区域增大,而在高频处几乎不变。增大信号互连线间距 s_1 会导致差模电感增大,因此 S_{21} 在高频处随 s_1 的增加而明显减小。当硅衬底电导率 σ_{Si} 增大时,$(C+2C_m)$ 和 $(G+2G_m)$ 随之增大,因而 S_{21} 随之减小。温度的升高导致导体损耗增大,衬底损耗减小,因此 S_{21} 分别在低频处和高频处随温度的升高而减小和增大。

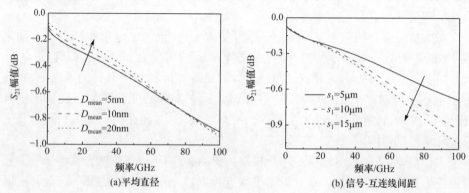

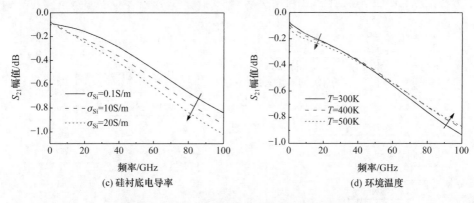

(c) 硅衬底电导率　　　　　　　　　　(d) 环境温度

图 5.20　不同设计参数对差模传输系数的影响

5.3.2　石墨烯互连

与碳纳米管束类似,石墨烯同样具有较长的弛豫时间,且为二维平面结构,更易加工和集成,因此石墨烯互连也可用于传输高频信号。然而,由于受到异常趋肤效应的影响,石墨烯互连的高频建模更为复杂。在一般导体中,电子平均自由程远小于趋肤深度,可以认为电场在平均自由程内没有变化,电流密度垂直于电场。但石墨烯的平均自由程较大,高频时接近趋肤深度。此时,石墨烯互连中任意一点的电流都将受到其他点处电场的影响。碳纳米管中并不存在这一问题,这是因为它是一维材料,截面处电子的平均自由程较小。

美国加利福尼亚大学圣芭芭拉分校的 Sarkar 博士等通过求解波尔兹曼方程,通过迭代计算得到石墨烯互连的频变阻抗参数[21,22],如图 5.21 所示。研究表明,异常趋肤效应主要在高频(通常大于 100GHz)条件下对石墨烯互连的阻抗产生影响。图 5.22 给出了碳纳米管束互连和石墨烯互连的高频阻抗参数。从图中可以发现,石墨烯互连的电学特性与铜相近,电阻随着频率的增大而增大,但在高频处石墨烯互连的电阻明显比铜互连的电阻小。相比于石墨烯互连,碳纳米管束(尤其是多壁碳纳米管束)互连对趋肤效应的抑制作用最为明显。另外,多壁碳纳米管束互连的电感值最大,而单壁碳纳米管束与石墨烯互连的电感值几乎和铜互连的电感值相同,它们都随频率的增大而减小。

5.3.3　铜-石墨烯异质互连

如前所述,韩国学者将石墨烯转移到铜互连表面[23],随后我国台湾学者直接

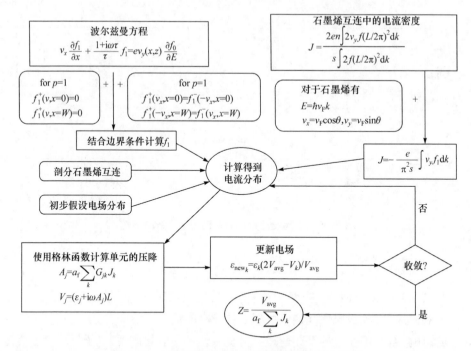

图 5.21　石墨烯互连的频变阻抗参数提取流程[22]

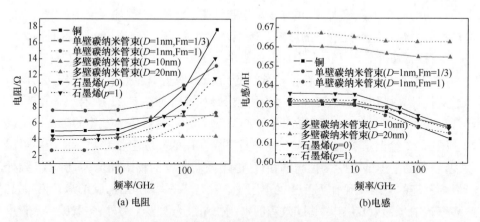

(a) 电阻

(b)电感

图 5.22　碳纳米管与石墨烯互连的频变阻抗参数[19,22]

在铜表面生长石墨烯[24]，实验证明这种铜-石墨烯异质结构可有效提升互连线的可靠性。如图 5.23 所示，应用 PEEC 方法可提取铜-石墨烯异质互连的高频阻抗参数[25]。在 PEEC 方法的建模过程中，分别对石墨烯层和铜互连进行剖分，充分考虑石墨烯动电感对电流分布的影响，最终准确提取铜-石墨烯异质互连的频变阻抗参数。

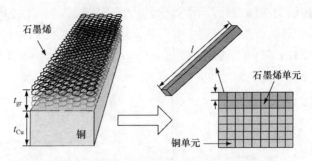

图 5.23　铜-石墨烯异质互连及 PEEC 模型

　　图 5.24 给出了铜-石墨烯异质互连的频变阻抗,其中互连线的宽度和厚度均为 500nm,长度为 500μm。当铜互连的顶部覆盖石墨烯时,石墨烯层的厚度 t_{gr} 为 40nm;当底部和顶部均铺设石墨烯时,石墨烯的厚度 t_{gr} 为 20nm。从图中可以看到,石墨烯的引入可明显降低互连线的电阻和电感参数。基于图 5.4(b)给出的地-信号-地互连结构,图 5.25 和图 5.26 分别给出了宽度为 500nm 和 200nm 时铜-

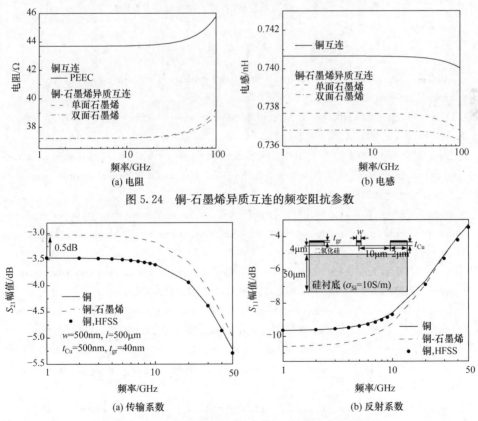

图 5.24　铜-石墨烯异质互连的频变阻抗参数

图 5.25　铜-石墨烯异质互连(宽度为 500nm)的传输特性

石墨烯异质互连线的传输特性。可以看到引入石墨烯后,互连线的低频传输特性
得到一定改善,但这种优势随着频率的升高而减小,这主要是因为互连线的高频性
能取决于衬底损耗。随着互连线宽度从 500nm 缩小到 200nm,石墨烯对互连线性
能的影响变得更加明显。

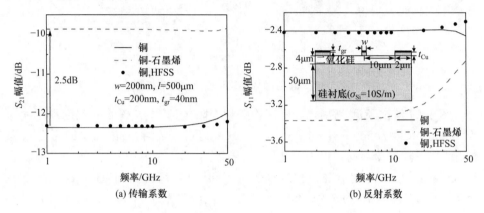

(a) 传输系数　　　　　　　　　　　　　　(b) 反射系数

图 5.26　铜-石墨烯异质互连(宽度为 200nm)的传输特性

参 考 文 献

[1] Lee T H. The Design of CMOS Radio-Frequency Integrated Circuits[M]. New York: Cambridge University Press,2003.

[2] Doan C H,Emami S,Niknejad A M,et al. Millimeter-wave CMOS design[J]. IEEE Journal of Solid-State Circuits,2005,40(1):144-155.

[3] Chen S,Wang G,Xue Q. A 60GHz CMOS power amplifier based on an equivalent substrate model for microstrip[C]. Proceedings of the IEEE International Workshop on Electromagnetics,Nanjing,2016.

[4] Wang G,Dutton R W,Rafferty C S. Device level simulation of wave propagation along metal-insulator-semiconductor interconnects[J]. IEEE Transactions on Microwave Theory and Techniques,2002,50(4):1127-1136.

[5] Wang G,Qi X,Yu Z,et al. Device level modeling of metal-insulator-semiconductor interconnects[J]. IEEE Transactions on Electron Devices,2001,48(8):1672-1682.

[6] Kleveland B,Qi X,Madden L,et al. High-frequency characterization of on-chip digital interconnects[J]. IEEE Journal of Solid-State Circuits,2002,37(6):716-725.

[7] Cao Y,Wang G. A wideband and scalable model of spiral inductors using space-mapping neural network[J]. IEEE Transactions on Microwave Theory and Techniques,2007,55(12):2473-2480.

[8] Kang K,Nan L,Rustagi S C,et al. A wideband scalable and SPICE-compatible model for on-chip interconnects up to 110GHz[J]. IEEE Transactions on Microwave Theory and Tech-

niques,2008,56(4):942-951.

[9] Chen E,Chou S Y. Characteristics of coplanar transmission lines on multilayer substrate: Modeling and experiments[J]. IEEE Transactions on Microwave Theory and Techniques, 1997,45(6):939-945.

[10] Eo Y,Eisenstadt W R. High-speed VLSI interconnect modeling based on S-parameters measurements[J]. IEEE Transactions on Components, Hybrids, and Manufacturing Technology,1993,16(5):555-562.

[11] 赵文生. 三维集成电路中新型互连结构的建模方法与特性研究[D]. 杭州:浙江大学,2013.

[12] Kobrinsky M J,Chakravarty S,Jiao D,et al. Experimental validation of crosstalk simulations for on-chip interconnects using S-parameters[J]. IEEE Transactions on Advanced Packaging,2002,28(1):57-62.

[13] Tiemeijer L F,Pijper R M T,Havens R J,et al. Low-loss patterned ground shield interconnect transmission lines in advanced IC processes[J]. IEEE Transactions on Microwave Theory and Techniques,2007,55(3):561-570.

[14] Yin W Y,Zhao W S. Modeling and characterization of on-chip interconnects. Wiley Encyclopedia of Electrical and Electronics Engineering[M]. New York:John Wiley & Sons,2013.

[15] Arz U,Rohland M,Büttgenbach S. Improving the performance of 110GHz membrane-based interconnects on silicon: Modeling, measurements, and uncertainty analysis [J]. IEEE Transactions on Components, Packaging and Manufacturing Technology, 2013, 3 (11): 1938-1945.

[16] Simons R N. Coplanar Waveguide Circuits,Components,and Systems[M]. New York:John Wiley & Sons,2001.

[17] Hanna V F,Thebault D. Analyse des coupleurs directifs coplanaires[J]. Annales of Telecomm unications,1984,39(7/8):299-306.

[18] Nieuwoudt A,Massoud Y. Understanding the impact of inductance in carbon nanotube bundles for VLSI interconnect using scalable modeling techniques[J]. IEEE Transactions on Nanotechnology,2006,5(6):758-765.

[19] Li H,Banerjee K. High-frequency analysis of carbon nanotube interconnects and implications for on-chip inductor design[J]. IEEE Transactions on Electron Devices,2009,56(10): 2202-2214.

[20] Zhao W S,Zheng J,Dong L,et al. High-frequency modeling of on-chip coupled carbon nanotube interconnects for millimeter-wave applications[J]. IEEE Transactions on Components, Packaging and Manufacturing Technology,2016,6(8):1226-1232.

[21] Sarkar D,Xu C,Li H,et al. High-frequency behavior of graphene-based interconnects—Part Ⅰ: Impedance modeling[J]. IEEE Transactions on Electron Devices,2011,58(3):843-852.

[22] Sarkar D,Xu C,Li H,et al. High-frequency behavior of graphene-based interconnects—Part Ⅱ: Impedance analysis and implications for inductor design[J]. IEEE Transactions on Electron Devices,2011,58(3):853-859.

[23] Kang C G, Lim S K, Lee S, et al. Effects of multi-layer graphene capping on Cu interconnects[J]. Nanotechnology, 2013, 24(11):115707-1-115707-5.

[24] Yeh C H, Medina H, Lu C C, et al. Scalable graphite/copper bishell composite for high-performance interconnects[J]. ACS Nano, 2014, 8(1):275-282.

[25] Zhao W S, Zhang R, Fang Y, et al. High-frequency modeling of Cu-graphene heterogeneous interconnects[J]. International Journal of Numerical Modelling: Electronic Networks, Devices and Fields, 2016, 29(2):157-165.

第6章 三维集成与硅通孔技术

随着工艺制造水平和封装技术的不断进步,集成电路按照摩尔定律不断向高集成度、多功能、高性能、低功耗和低成本的方向发展,推动着信息产业快速前进。缩小器件和互连线尺寸、改进电路结构是传统集成电路技术革新的主要手段。目前,集成电路器件的特征尺寸和最小线宽已逐渐趋于其物理极限,传统的平面集成电路的集成度难以进一步提高。同时,随着时钟频率进入吉赫兹范围内,互连线的延迟、串扰和功耗问题已成为制约电路性能的关键瓶颈。为了解决传统集成电路发展中的一系列问题,一种新的互连设计与封装技术——三维集成应运而生[1]。本章将概述三维集成技术的发展历史和研究现状,着重介绍三维集成电路中的关键互连——硅通孔技术。

6.1 三 维 集 成

三维集成是利用芯片的竖直空间,将芯片堆叠起来,利用引线键合或硅通孔技术进行连接。三维集成的优势在于:①多层器件重叠结构使芯片集成密度成倍提高;②互连长度大幅度缩短,可提高传输速度并降低功耗,如图 6.1 所示;③重叠结构使单元连线缩短,并使并行信号处理成为可能,提高了芯片的处理能力;④多种

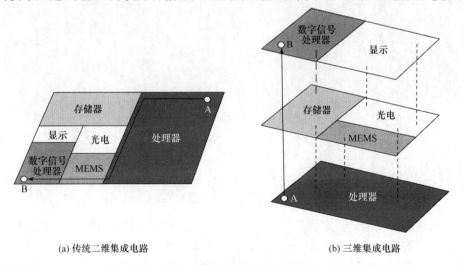

(a) 传统二维集成电路　　　　　　　　　　　(b) 三维集成电路

图 6.1　集成电路的比较[2]

工艺如 CMOS、MEMS、SiGe、GaAs 等的"混合集成",使集成电路功能多样化,如图 6.1(b)所示;⑤减少封装尺寸,降低设计和制造成本。

同时,三维集成也面临着极大挑战:①采用三维工艺后,有源器件集成密度的大幅提高导致芯片功耗剧增,加之芯片内部使用的电介质填充材料的导热性能不佳,种种不利因素使得三维集成电路芯片的散热问题"雪上加霜";②采用晶圆对晶圆接合技术时,三维集成电路的产量得到提高,但成品率随之显著减少;③传统的测试技术都是针对二维集成电路的,未提供针对三维集成的整体系统测试技术;④三维集成工艺中的每一步都会对最终的成品率产生影响,需要在大规模生产前对这些工艺问题开展进一步探索;⑤为了充分发挥三维集成技术的优势,需要发展新的设计方法。下面介绍一些典型的三维集成技术。

1. 三维封装

早期的三维集成偏重于封装技术的改进,将裸片或封装好的芯片通过引线或焊球在竖直方向上进行组装而实现。图 6.2 所示为应用引线键合的堆叠封装系统,其中堆叠层可以为 2～8 层[3,4]。图 6.3(a)给出了键合引线的实际加工图,这种技术已经在集成电路中得到广泛应用,特别是动态存储器和非挥发性存储器领域。叠层中,最底层芯片通过倒装技术正面朝下连接到基板,形成最短电路连接,如图 6.3(b)所示,其余层则通过环氧树脂粘接起来。这种三维封装系统虽然可以减少片外互连,但引线长度依然很大,密度低,并不能提高速度,且堆叠芯片的数量受限于引线的寄生阻抗和互连资源。

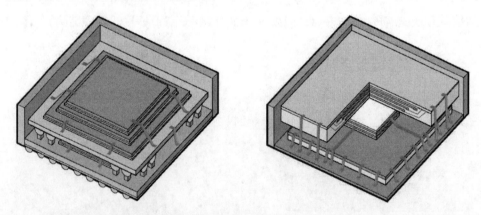

图 6.2　应用引用键合的堆叠封装系统[3]

为克服引线键合带来的限制,也可用外围互连的形式实现三维封装,其中每个平面都需要有能在芯片与封装之间提供更高互连密度的中介层(interposer),如图 6.4 所示。以图 6.4(a)中基于焊球的外围互连技术为例,首先将电镀了焊料的

(a) 引线键合　　　　　　　　　　　　　　　　(b) 倒装技术

图 6.3　引线键合与倒装技术[3]

聚合物球巾附到中介层外围,然后通过倒装技术把芯片连接到中介层中心,最后通过焊球将多个中介层堆叠起来[5]。这种方法可以减少键合线带来的寄生阻抗和长度的限制,但随着互连需求的上升,还需进一步发展更高密度的互连技术。

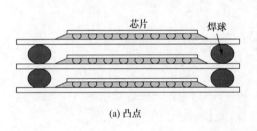

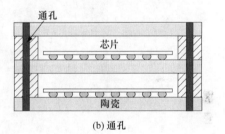

(a) 凸点　　　　　　　　　　　　　　　　　　(b) 通孔

图 6.4　采用外围互连的三维封装

2. 单片三维集成

受制造技术的限制,三维封装的互连无法等比例缩小,这些互连的密度较低,限制了信号传输的速度和带宽。为进一步发掘垂直空间的潜力,文献[6]给出一种如图 6.5 所示的单片三维集成电路,其中最底层上的器件用普通 CMOS 工艺得到,可以是 NMOS 或 PMOS 器件,其余为 SOI 器件。单片三维集成可以看成器件级三维集成技术,即在单层衬底表面制造多层器件,除了底层的器件,其余各层器件都没有独立的衬底,各层器件通过介质层隔开。因此,图 6.5 所示的堆叠晶体管也可以看成一种单片三维集成技术。图 6.6 给出了这种单片三维集成电路的工艺流程,首先根据体硅或 SOI 工艺的前段制程技术加工有源器件,重复使用双大马士革工艺在绝缘层制备片上实现多层互连。然后将第二片晶圆粘接上,利用回刻蚀等工艺将一层很薄的单晶硅层移至主晶圆上。最后使用化学机械抛光实现所需的硅层厚度和表面粗糙度,再次根据前段制程技术加工有源器件,重复双大马革工艺制备互连线,最终实现三维集成[7]。另外,也可在已制备好的芯片表面淀积多晶硅层,通过激光脉冲等技术将多晶硅晶化为单晶硅,从而制备 MOS 器件[8]。

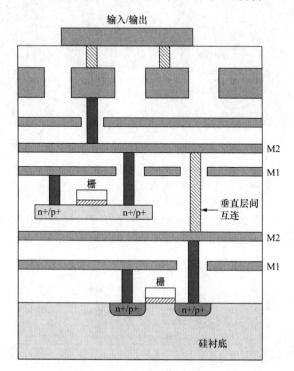

图 6.5　单片三维集成电路示意图[6]

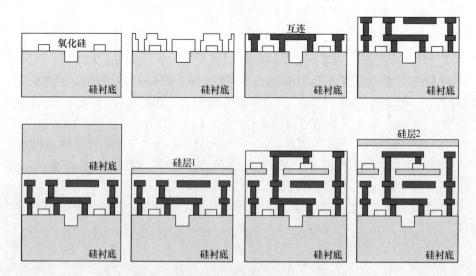

图 6.6　单片三维集成电路的工艺流程图[7]

图 6.7 所示为应用图 6.6 的制备技术得到的单片三维集成电路扫描电镜图，其中同一位置的不同层上各有一个 MOS 器件。

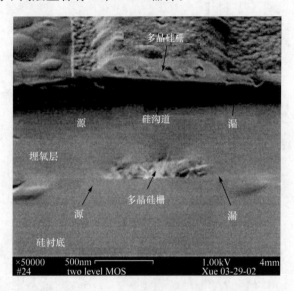

图 6.7 单片三维集成电路截面的扫描电镜图[7]

单片三维集成电路中垂直层间的互连长度很小，通常为 100～200nm，几乎可以忽略该互连的寄生电阻和电容。这种技术可最大限度地降低功耗，改善性能，减小占用面积，但目前仍不成熟，热问题较为突出，且不易实现异质集成系统。图 6.8 所示为美国斯坦福大学研究人员提出的一种单片三维集成电路架构，其中逻辑电路与存储器通过层间通孔连接，该单片三维集成电路中还应用了碳纳米管场效应管、阻变存储器等技术[9]。

3. 非接触式三维集成

非接触式三维集成是将三维系统中的各层分别制造，减少总体加工时间，再将各层堆叠起来，不同层间通过非接触式的电容或电感耦合实现通信，如图 6.9 所示。非接触式三维集成电路易于集成微流道，因此在热管理方面具有独特优势。在电容耦合三维集成电路中，芯片需要减薄以保证耦合电容的两个平行板的间距达到 $1～5\mu m$[10]。相比于电容耦合，电感耦合受间距的影响较小，可以实现更长距离的非接触式信号传输[11]。电感可直接在芯片的金属层中加工，不需要特殊的工艺。增大电感尺寸或传输功率可提高增益，支持更长距离的信号传输[12]。

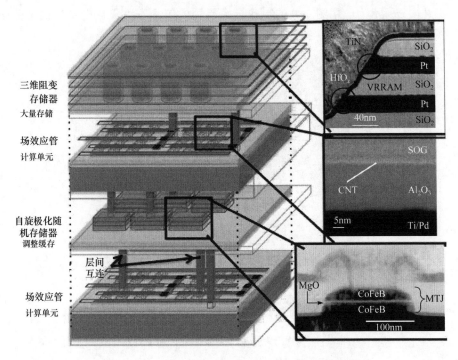

图 6.8　基于碳纳米管场效应管的单片三维集成电路[9]

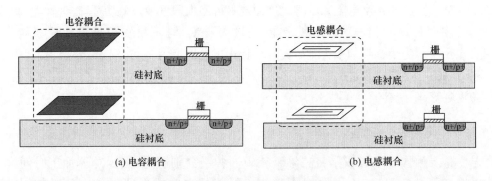

图 6.9　非接触式三维集成电路

近年来,韩国科学技术院的研究人员在不同芯片层构造耦合线圈和补偿电容,将电磁谐振式无线能量传输技术结合到三维集成电路中,以取代传统的电源分配网络[13]。该系统基于 $0.18\mu m$ 节点的 CMOS 工艺制造,无线能量传输的工作频率为 100MHz,在处理器中应用这种技术预计可减少 $140mm^2$ 的封装面积。然而,非接触式三维集成技术虽然具有多种优势,但传输效率仍无法与金属通孔连接相比,且对集成电路布局设计有很大限制。如图 6.10 所示,以电感式三维集成技术为例,两个耦合电感之间不能有其余器件或模块,这将浪费宝贵的芯片面积[12]。

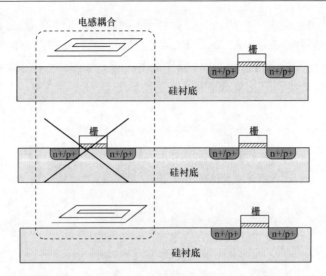

图 6.10　电感耦合式三维集成电路中的耦合问题

4. 基于硅通孔的三维集成

硅通孔可取代焊线等技术,通过穿层通孔结构使不同层的器件在最短路径实现全局互连,从而将相同集成规模下平面大规模集成电路中毫米甚至厘米长度的全局互连线缩短到 $100\mu m$ 以内。基于硅通孔技术,可以实现异质集成,将微处理器、存储器、射频模块及微机电系统(micro-electro-mechanical systems,MEMS)等堆叠在一起。与电容和电感耦合相比,硅通孔可显著减小传输损耗,降低功耗,同时占用更小的芯片面积,给集成电路布局优化带来更大的自由度。因此,硅通孔被认为是三维超大规模集成电路互连的最佳解决方案之一,是目前三维集成电路最具发展潜力的互连技术。

图 6.11 所示分别为基于硅通孔的三维集成电路和三维硅集成,前者利用硅通孔和倒装微凸点技术堆叠芯片,后者则只利用硅通孔堆叠晶圆/芯片,即无凸点的

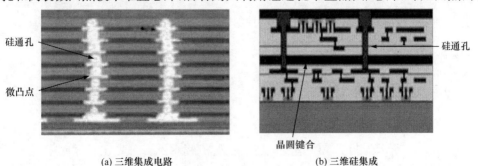

(a) 三维集成电路　　　　　　　　　　(b) 三维硅集成

图 6.11　基于硅通孔的三维集成技术[2]

晶圆级三维硅集成技术[2]。相比于前者,三维硅集成的电学性能更好、功耗更低,但工艺复杂、热问题突出、成品率低,因此工业界较少关注三维硅集成技术。三维集成电路中共有四种互连传输数据,分别为片上互连、硅通孔、凸点和重布线层互连,其中硅通孔是实现三维集成的关键技术,如图 6.12 所示。

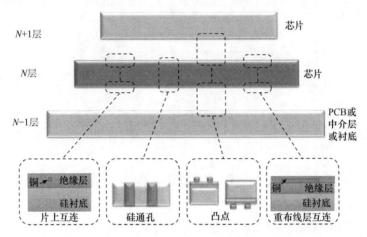

图 6.12　三维集成电路中的互连结构[14]

芯片堆叠有两种形式,分别为面朝上和面朝下式堆叠,如图 6.13 所示。在三维集成电路中,芯片粘接有面对面(face-to-face,F2F)、面对背(face-to-back,F2B)和背对背(back-to-back,B2B)三种形式。面对面堆叠时芯片的器件层为相对放置,互连由对应位置的凸点实现,互连距离最短,但热密度也最高。面对背和背对背堆叠形式中需要通过硅通孔传输信号,后者的互连最长。在实际应用中具体使用哪种堆叠方式由需求和芯片层数决定。

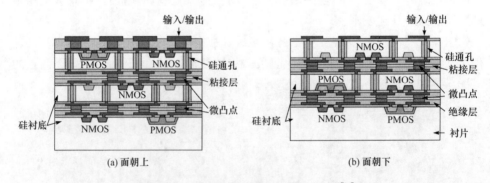

图 6.13　不同形式堆叠的三维集成电路[15]

图 6.14 所示为制造三维集成电路的工艺流程示例。首先在硅衬底中刻蚀深孔,沉积绝缘层和隔离层后填充导体材料,通过化学机械抛光去除过电镀的导体材

料,将硅片平整化;接着将硅片与载体临时键合,从背部减薄硅片,使导体露出来,形成硅通孔;然后在硅片背部沉积绝缘层、隔离层,制造凸点;最后将硅片分割成芯片,用芯片与晶圆(die-to-wafer,D2W)键合,或者将晶圆与晶圆(wafer-to-wafer,W2W)直接键合,最终得到芯片。芯片与晶圆键合测试方便,可提高成品率,但晶圆和芯片受后续键合工艺影响,可靠性有所下降[16]。晶圆与晶圆键合中虽然热过程少,但成品率低,导致成本较高。

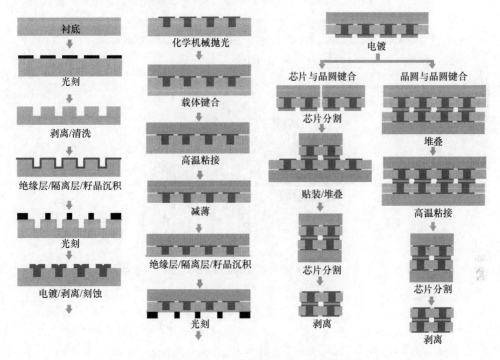

图 6.14　制造三维集成电路的工艺流程图[14]

在三维集成电路的发展过程中,存在着一种 2.5 维集成电路技术,使用一层无源的硅中介层,在上面堆叠有源芯片,如图 6.15 所示。事实上,硅中介层与印刷电路板上的互连类似,但密度更高。在硅中介层信号是通过硅通孔和重布线层互连传输的,中介层中硅通孔的尺寸最大,直径一般大于 $50\mu m$。最著名的 2.5 维集成电路是赛灵思公司推出的 28nm Vitex7-2000T FPGA(图 6.16),该芯片有 195 万个逻辑门、68 亿个晶体管,功耗则只有 19W[17]。硅中介层不仅能够提供密度更大的高速互连,还可结合微通道等技术帮助散热。因此,2.5 维集成电路不仅是三维集成电路发展的阶段性目标,更可能是未来几年的主要发展方向之一。

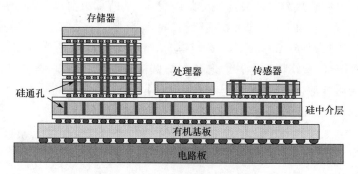

图 6.15　2.5 维集成电路示意图

图 6.16　赛灵思公司的 FPGA 芯片

6.2　硅　通　孔

　　硅通孔这一概念最早由诺贝尔奖得主 Shockley 教授在 1958 年申请的专利中提出[18]，如图 6.17 所示。早期受工艺水准限制，学术界和工业界并未对这一技术过多关注。随着摩尔定律面临失效，半导体产业必须探索新的途径来提升系统集成度，而基于硅通孔的三维集成电路就是解决方案之一。

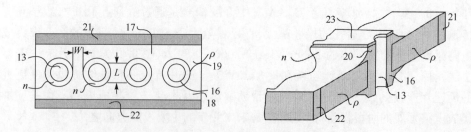

图 6.17　Shockley 提出的硅通孔概念[18]

6.2.1　硅通孔的制造

　　基于硅通孔的三维集成电路为各模块在芯片上的拓扑安排提供了全新的形式,基本原理是将集成方式从平面向纵向延伸,每一层上通过传统片上互连进行连接,层与层之间通过硅通孔进行连接。其优势主要体现在两个方面:首先,硅通孔技术有效地解决了互连瓶颈问题。在不同工艺条件下,连接三维集成电路不同层间的硅通孔结构长度通常为 $10\sim100\mu m$,与传统平面集成电路相比,连接不同功能模块间的全局互连线长度得到大幅缩小,这将有效提高传输速度并降低功耗。其次,硅通孔技术使芯片集成度成倍增加,由此带来芯片性能的大幅提升。这些显著的优势使硅通孔技术成为近年来最热门的研究方向之一。

　　实际上,硅通孔就是穿过硅衬底的垂直孔互连,在竖直堆叠的芯片间形成电互连。硅通孔填充的导体材料由具体工艺决定,可以是铜、钨、多晶硅甚至碳纳米管束。导体与硅衬底间用绝缘层(通常为二氧化硅)隔离,以阻止漏电流从导体流向硅衬底。导体与绝缘层之间通常还有一层很薄的扩散垫垒(为钽、钛或氮化钽),防止金属原子扩散到衬底。图 6.18 所示为英特尔公司加工得到的铜硅通孔截面图,虚线表示键合界面[19]。硅通孔不仅可以作为三维集成电路中的信号和电源通道,也可以作为三信集成电路中的散热通道。通常,硅通孔的工艺流程如图 6.19 所示:将晶圆磨薄至所需的厚度,用反应离子刻蚀法制作出深孔;用低温等离子增强化学沉积法在深孔侧壁制造绝缘层,去除底部的焊垫氧化层,使金属层露出来;电镀导体材料,用化学机械抛光法移除晶圆背部多余的导体[20]。

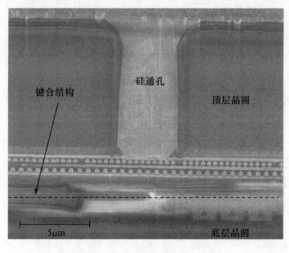

图 6.18　铜硅通孔的截面图[19]

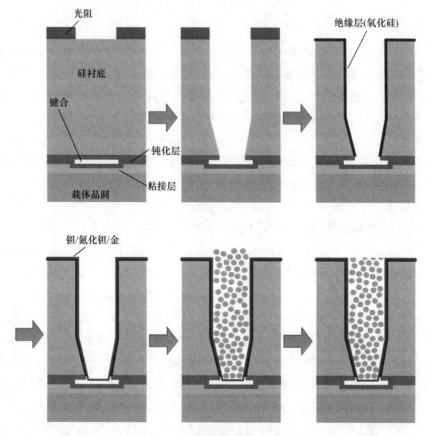

图 6.19　硅通孔的工艺流程图[20]

6.2.2　硅通孔的测量

硅通孔与系统的集成方式可按工艺顺序分为先通孔(via first)、中通孔(via middle)和后通孔(via last),如图 6.20 所示。这些顺序的定义方式参照硅通孔与器件层的加工顺序,也就是说,先通孔指在空白硅片上先制造硅通孔,再加工 CMOS 器件。由于后续工艺需要在高温环境下完成,先通孔硅通孔的填充导体要能够承受 1000℃以上的高温,一般常用多晶硅和钨填充。中通孔硅通孔是在前段与后段制程之间完成的,此时可以使用铜材料填充,获得较好的电学性能,工艺更为简单。后通孔硅通孔不仅可直接连接重布线层互连,也可连接器件层和片上互连。相比于前两者,后通孔硅通孔的成本更高,但可以让封装厂介入三维集成,可进一步优化产能、降低成本[16]。

制备好硅通孔后,需要对三维集成电路进行测试,提取电阻、电容等寄生参数。图 6.21 所示为新加坡科研局(A* STAR)微电子所制作的硅中介层标准,其中顶

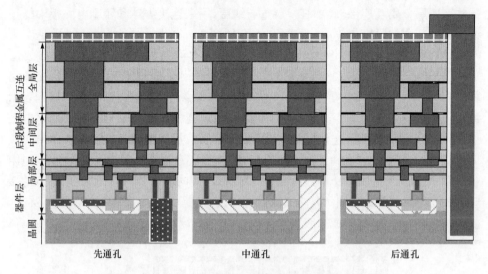

图 6.20　硅通孔的不同工艺顺序示意图[14]

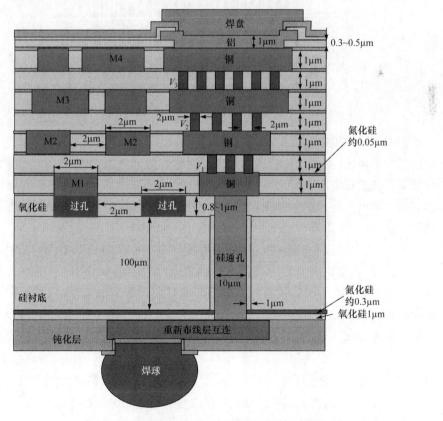

图 6.21　新加坡科研局微电子所的硅通孔工艺标准

部共有四层金属互连层,底部有一层重布线层,用来连接焊球和印刷电路板中的导线。片上互连的厚度为 $1\mu m$,硅通孔直径为 $10\mu m$,高度为 $100\mu m$,绝缘层厚度为 $1\mu m$。基于四端法,通过图 6.22 所示的交指结构可以提取金属层(及重布线层(re-distribution layer,RDL))互连的电阻参数。分别在四个金属层中制备交指结构,当测量第一层到第三层金属层参数时,可利用片上通孔将接触电极连接到表面结点进行。测量重布线层互连参数时,可利用印刷电路板上的导线和焊球将电极引出,也可用硅通孔将互连线连接到表面结点进行。提取电阻时,在结点 1 和结点 3 间加载电压,测量结点 2 和结点 4 间的电流,即可得到电流-电压曲线,从而得到电阻值。图 6.22 所示的交指结构还可用于电容提取,此时将结点 5 接地,其余结点的接连方式与电阻测量时相同。忽略损耗影响,则电容值可通过 $C=I/(\omega V)$ 得到。另外,实验中会在同一金属层(或重布线层)中加工不同长度的测量结构,以进行对比计算。

图 6.22　金属层的电阻和电容测量结构

对于硅通孔的电学参数测量,只需在顶端电极和底部焊球连接的印刷电路板电极间加载电压,测量电流值即可得到堆叠导体的电阻值,如图 6.23(a)所示。若仅需测量硅通孔电阻,仍可采用四端法,如图 6.23(b)所示,电压加载和电流测量方式与金属层互连的测量方式相同。受工艺影响,单根硅通孔的测量极有可能带来较大误差,这一误差可利用并联的硅通孔阵列消除[21]。

同样,提取硅通孔电容时,必须使用阵列形式进行测量。这是因为单根硅通孔的电容值较小,很难在实验中得到准确数值,利用并联硅通孔阵列可增大总电容值,从而方便测量。图 6.24 所示为硅通孔电容的测量方法,分别加工相同尺寸的测量结构,在两结点间加载电压。此时可以得到焊球的电容为 $(C_1-C_2)/\sharp TSV$,硅通孔电容为 $(C_2-C_3)/\sharp TSV$,其中 $\sharp TSV$ 表示并联硅通孔阵列中硅通孔的数目。硅通孔电容会受偏置电压和频率的影响,在测量中需要采用准静态电容-电压测量方法[22],偏置电压保持为 $10kHz\sim1MHz$,从 $-40V$ 逐渐增大到 $40V$。当频率增大到一定数值(如大于 $500MHz$)时,受硅衬底电容和电导的影响,此结构无法得到准确的寄生电容值。

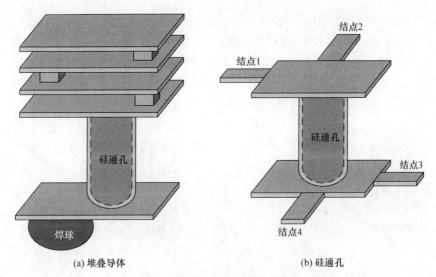

(a) 堆叠导体　　　　　　　　　　　　(b) 硅通孔

图 6.23　堆叠导体和硅通孔的测试结构

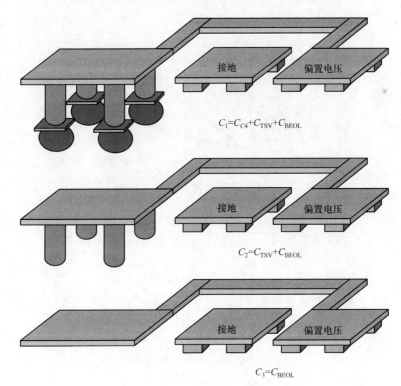

$C_1 = C_{C4} + C_{TSV} + C_{BEOL}$

$C_2 = C_{TSV} + C_{BEOL}$

$C_3 = C_{BEOL}$

图 6.24　硅通孔电容的测试结构

　　我们分别对第一层和第二层金属层互连进行测量,其中共选取 20、40 和 60 个单元三种长度的测量结构,得到的电阻测量结果如图 6.25 和图 6.26 所示。如

图 6.27 所示,每个单元的宽度为 $150\mu m$,间距为 $6\mu m$,长度为 $16\mu m$,电阻值为 $R=\rho l/(wt)$,根据测量值可以得到相应的测量值,如表 6.1 所示。从表中可知第一层和第二层金属层中互连线的电阻率分别为 $1.21\times10^{-8}\Omega\cdot m$ 和 $2.07\times10^{-8}\Omega\cdot m$。两者不同是因为工艺影响带来的厚度偏差,即第一层金属层中的互连厚度略大于 $1\mu m$,而第二层金属层中的互连厚度略小于 $1\mu m$。

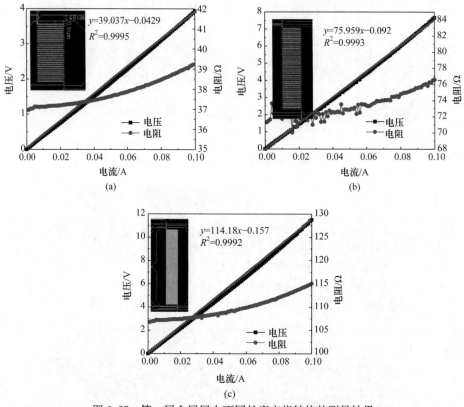

图 6.25　第一层金属层中不同长度交指结构的测量结果

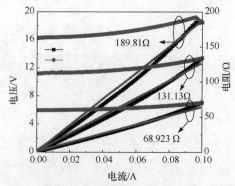

图 6.26　第二层金属层中不同长度交指结构的测量结果

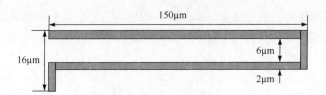

图 6.27　金属层中交指结构的单元示意图

表 6.1　金属层中导体电阻率及方块电阻

测试结构	测量电阻/Ω	单元数	长度/μm	电阻率/(Ω·m)	方块电阻/Ω
M1-1X	39.037	20.5	6406	1.219×10^{-8}	1.218×10^{-2}
M1-2X	75.959	40.5	12644	1.202×10^{-8}	1.202×10^{-2}
M1-3X	114.18	60.5	18884	1.209×10^{-8}	1.209×10^{-2}
M2-1X	68.923	20.5	6406	2.152×10^{-8}	2.152×10^{-2}
M2-2X	131.13	40.5	12644	2.074×10^{-8}	2.074×10^{-2}
M2-3X	189.81	60.5	18884	2.01×10^{-8}	2.01×10^{-2}

提取得到金属层中导体的方块电阻后，即可得到金属通孔的电阻值。在第一层和第二层金属层互连间构造一个金属链，链中共有 100 个片上通孔，实验测量得到该结构的总电阻值 $R_{\text{M1-M2}}$ 为 9.147Ω，如图 6.28 所示。利用之前得到的方块电阻即可计算片上通孔的电阻：

$$R_{\text{via}}=(R_{\text{M1-M2}}-R_{\text{M1}}-R_{\text{M2}})/100\approx9.851\times10^{-3}\ \Omega \tag{6.1}$$

其中，$R_{\text{M1}}=2.945\Omega$，$R_{\text{M2}}=5.1975\Omega$。

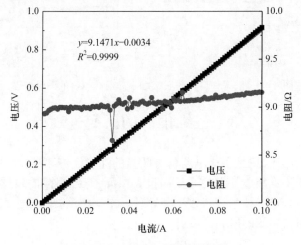

图 6.28　金属通孔的测量结果

受 MOS 效应影响，硅通孔电容随电压的增大而减小，如图 6.29(a) 所示。一般来说,刻蚀得到的孔直径不变,即图 6.21 中的直径为 $12\mu m$,而绝缘层厚度会有一定偏差。从测量数据可得到此结构中的绝缘层厚度:

$$t_{ox} = \frac{D}{2}(1 - e^{-2\pi\varepsilon_0\varepsilon_{ox}h_{TSV}/C_{ox}}) \approx 427.1nm \tag{6.2}$$

其中,$D=12\mu m$,$h_{TSV}=100\mu m$,实验测得的氧化层电容约为 301.2fF。

频率为 1MHz、电压较大时可以得到硅通孔电容的最小值约为 183fF,因此可得耗尽层电容

$$C_{dep} = \left(\frac{1}{C_{TSV,min}} - \frac{1}{C_{ox}}\right)^{-1} \approx 466.3fF \tag{6.3}$$

从而得到耗尽层宽度约为 914.75nm,对应的硅衬底掺杂浓度约为 $8.905\times10^{14}\,cm^{-3}$。阈值电压和平带电压分别为 $-2V$ 和 $-8.6V$,因此在一般加载信号电压下,硅通孔的电容始终为最小值。同时,可以得到氧化层的固定电荷 Q_f 和可动电荷 Q_m 分别为 $3.96\times10^{11}\,cm^{-2}$ 和 $6.82\times10^{10}\,cm^{-2}$。图 6.29(b) 给出了容性衬底接触下的电容-电压测量结果,可以看到当接触电容、衬底电容和硅通孔电容串联时,总电容取决于最小的电容。因此,利用容性衬底接触可以降低硅通孔寄生电容,从而提升系统性能。

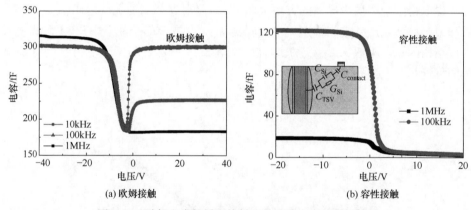

图 6.29　欧姆和容性衬底接触下硅通孔电容的测量结果

6.3　三维集成的研究进展

与二维集成相比,三维集成电路具有明显的性能优势和潜在的应用前景,目前已经有部分基于三维集成技术的产品面世。然而,三维集成的发展只有十余年时间,尚未完全成熟,很多技术有待改进和完善。本节将简要介绍三维集成中的一些关键技术以及相关领域的研究进展。

6.3.1　新型硅通孔

作为三维集成的核心技术,硅通孔的电学性能极为重要,其中硅通孔的电阻受

填充导体材料影响,寄生电容则取决于几何结构和材料特性。降低硅通孔寄生电容可以从两方面入手:降低绝缘层介电常数或增大绝缘层厚度。美国佐治亚理工学院的 Bakir 教授课题组提出用高分子聚合物取代氧化硅[23],这种硅通孔被称为聚合物绝缘层硅通孔。这种硅通孔的工艺流程与传统的硅通孔类似,首先在硅衬底的顶部刻蚀深孔,采用施压覆盖法将 SU-8 材料填充到孔中;然后通过光刻技术在 SU-8 中得到 SU-8 覆盖的通孔,在孔中电镀铜材料;最后用化学机械抛光法去除多余的铜。图 6.30 所示为聚合物绝缘层硅通孔的顶部和截面图,其中硅通孔的长度为 $390\mu m$,铜孔直径为 $80\mu m$,硅通孔间距为 $250\mu m$,SU-8 材料的厚度约为 $20\mu m$。很明显,聚合物绝缘层硅通孔具有较小的寄生电容,电学性能更好,且聚合物表面平整性好,有助于防止铜扩散,提高绝缘层的完整性[4]。特别地,SU-8 材料在 850nm 波长下具有很好的光学传输特性,因此,在 SU-8 填充到深孔后,即可得到导光硅通孔。

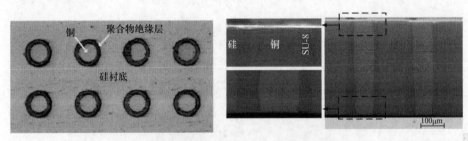

图 6.30　聚合物绝缘层硅通孔的顶部和截面图[23]

类似地,清华大学王喆垚教授课题组采用聚亚丙基碳酸酯(poly propylene carbonate,PPC)和苯并环丁烯(benzocyclobutene,BCB)材料制作硅通孔的绝缘层[4]。基于聚合物绝缘层硅通孔,他们进一步改善工艺,使用反应离子刻蚀技术移除聚合物,实现空气隙绝缘层硅通孔,如图 6.31(a)所示。图 6.31(b)所示是将空气隙和聚合物分别作为绝缘层时硅通孔的电容-电压曲线[24]。从图中可以看到,

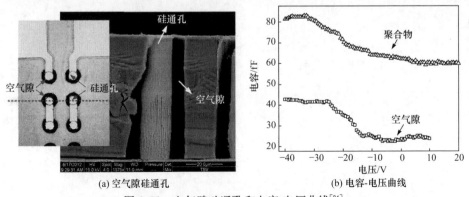

(a) 空气隙硅通孔　　　　　　(b) 电容-电压曲线

图 6.31　空气隙硅通孔和电容-电压曲线[24]

移除聚合物制作空气隙可明显降低硅通孔的寄生电容,提升硅通孔的电学性能。此外,在相同偏置电压下,空气隙绝缘层硅通孔的漏电流比传统硅通孔的小两个数量级。

虽然降低硅通孔寄生电容可以有效抑制延迟,但硅通孔的高频性能主要取决于硅衬底的损耗效应。因此,文献[23]还提出了一种聚合物增强硅通孔技术,即刻蚀腔体后用 SU-8 材料填充形成聚合物阱,在阱中再刻蚀深孔,电镀铜导体来构成硅通孔,如图 6.32(a)所示。图 6.32(b)和(c)所示为聚合物增强硅通孔和传统硅通孔的散射参数,由于聚合物材料的损耗远低于硅衬底,硅通孔的高频性能得到明显的改善。通常片上无源器件的高频性能受衬底损耗的影响较大,可以通过在聚合物阱表面加工片上电感和天线等无源器件来改善这些器件的电学性能,从而构造高性能硅中介层平台[25],如图 6.33 所示。与空气隙绝缘层硅通孔技术类似,将硅通孔周围的硅衬底刻蚀掉,可以得到空气隔离的硅通孔结构[26],如图 6.34 所示。

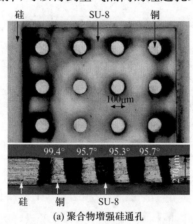

(a) 聚合物增强硅通孔

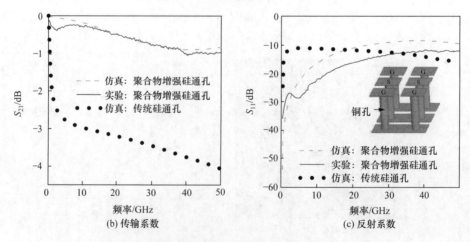

(b) 传输系数　　　　　　　　　　(c) 反射系数

图 6.32　聚合物增强硅通孔及其传输系数和反射系数[23]

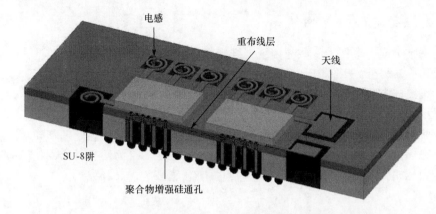

图 6.33　使用聚合物改善性能的硅中介层[25]

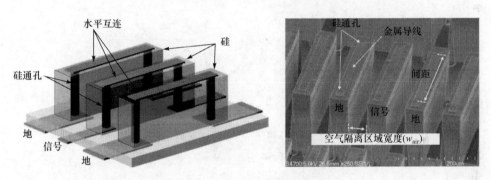

图 6.34　空气隔离硅通孔结构[26]

除了用聚合物替代硅衬底或刻蚀掉衬底用空气隔离硅通孔,北京理工大学微电子技术研究所的研究人员还提出一种硅-绝缘层-硅型硅通孔结构,用超低阻硅作为衬底和导体,用 BCB 材料作为绝缘层,整体工艺简单,可以避免铜硅通孔制造过程中热应力等问题的影响。由于这种结构具有较低的寄生电容,可以在一些特定频率范围(如 0.3~20GHz)中得到优于铜硅通孔的电学性能[27,28]。此外,硅-绝缘层-硅型硅通孔具有稳定的寄生电容值,基本不受频率和偏置电压的影响。

我国台湾的刘汉诚教授等提出了一种硅穿孔(through-silicon hole, TSH)技术[29],在硅中介层上刻蚀或激光加工深孔,深孔不需进行金属化处理;在芯片表面制造铜柱,将铜柱穿过已制造好的硅孔连接到底部芯片表面的凸点,两个芯片都连接到硅中介层上。这种技术工艺简单,加工步骤少,成本较低。此外,美国佐治亚理工学院的 Sundaram 教授与 Tummala 教授合作,开展了 2.5 维集成电路中玻璃中介层的研发工作,其中使用铜穿透玻璃中介层连接基板和芯片,此时称垂直互连为玻璃通孔(through-glass via, TGV)或封装通孔(through-package via, TPV)[30]。

6.3.2　三维集成的可靠性

三维集成中存在着一些与传统二维集成电路类似的可靠性问题,如键合断裂、电迁移等。另外,三维集成电路的集成度过高,热问题突出,且硅通孔的引入增加了三维集成电路中的可靠性问题。硅通孔铜电镀中的残余应力无法完全释放,会对周围衬底产生一定的影响,如图 6.35 所示。更重要的是,三维集成中的工艺过程较多,且根据具体应用条件,工艺顺序各不相同,每个工艺的热处理不同,导致残余应力等发生变化,进一步增加了可靠性研究的难度[4]。为便于讨论,本节主要围绕硅通孔相关的可靠性问题,介绍一些相关研究领域的进展和成果。

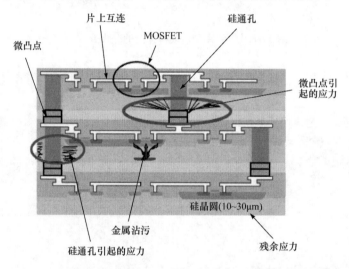

图 6.35　基于硅通孔的三维集成电路中的应力和金属沾污问题[31]

首先需要考虑的是硅通孔制造过程中工艺不稳定性造成的多种缺陷,如电镀空洞、绝缘层针孔等,如图 6.36 所示[32]。这些缺陷可能会带来电迁移等问题,导致成品率下降。因此,在芯片堆叠键合前应针对硅通孔进行一系列的可靠性测量。使用 X 射线成像可以检测硅通孔中的电镀空洞等缺陷[33],能够检测到微米级的缺陷,但需要的成像时间比较长。受缺陷影响,硅通孔电阻和电容参数会发生变化,从而改变了延迟参数。因此,美国杜克大学的 Chakrabarty 教授课题组提出用环振器测量延迟来检查键合前硅通孔的缺陷[34]。芯片的键合过程同样可能出现缺陷问题,新加坡微电子所的研究人员提出一种并联电阻链的方法,不需要额外购置昂贵的检测设备,根据电阻值的变化可以迅速找到缺陷位置[35],并拓展至多个缺陷的快速检测和定位[36]。研究发现,可靠性研究中使用射频信号比使用直流电阻可以更快地检测到缺陷问题[37]。因此,美国国家标准与技术研究院的研究人员使用射频信号对硅通孔的可靠性进行检测[38]。类似地,韩国科学技术研究院的 Kim

教授课题组在 0.01～20GHz 频率范围内测量 Z_{11} 参数,通过 Z_{11} 参数的变化可以判别缺陷的类型[39]。

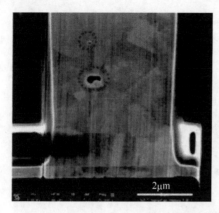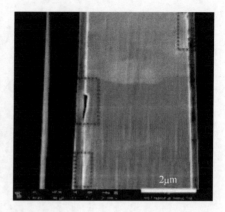

图 6.36　硅通孔中的缺陷[32]

其次,由于填充导体与硅衬底的热膨胀系数不匹配,在工艺制造和热循环过程中必然会产生热应力,可能会导致硅片碎裂、界面剥离等问题,甚至造成铜挤出现象。美国德州大学奥斯丁分校的研究人员提出一种半解析方法,能够准确估算硅通孔中的热应力[40]。这些热应力还将影响硅通孔周围衬底中的载流子迁移率,从而影响器件的电学性能。硅材料本身是各向异性的,使得相同应力下不同方向上的迁移率变化也不相同,因此问题更为复杂。实际应用中,定义硅通孔周围载流子迁移率受应力影响出现 10% 以上变化的区域为阻止区(keep-out zone,KOZ),如图 6.37 所示。我国台湾的蔡明义教授基于有限元仿真,研究硅通孔周围衬底载流子迁移率的变化,并利用实验结果进行验证[41]。基于仿真结果,分析各个设计参数对硅通孔中阻止区尺寸的影响。研究表明,硅通孔直径、表面覆盖的氧化硅绝缘层和硅材料的各向异性都对阻止区有着显著的影响,例如,减小硅通孔直径可有效缩小阻止区尺寸,提升系统集成度[42]。西安电子科技大学朱樟明教授课题组将环型结构结合到同轴硅通孔中,在性能几乎不变的条件下极大地减小了热应力[43]。

6.3.3　信号与电源完整性

随着工作频率的增大,硅通孔中信号的传输质量会受到导体损耗和衬底损耗等因素的影响。为了改善信号质量,我国台湾的吴瑞北教授课题组设计了一种无源 R-C 均衡器,如图 6.38(a)所示。基于硅通孔对的简化电路模型,推导得到所对应均衡器的电路参数。图 6.38(b)所示为 10 层堆叠硅通孔对和所对应均衡器的传输系数,其中实线为两者连接起来后得到的整体传输系数,可以看到在整个频率

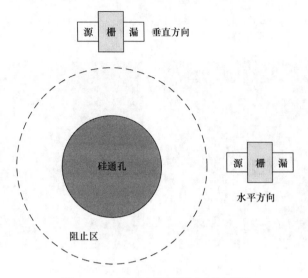

图 6.37　硅通孔周围的阻止区示意图

范围内整体系统的传输系数几乎保持不变。因此,通过连接均衡器,硅通孔对的眼图质量得到极大的提升,如图 6.38(c)所示。

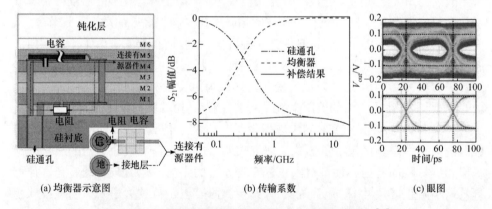

(a) 均衡器示意图　　　　　　　　(b) 传输系数　　　　　　　　(c) 眼图

图 6.38　连接均衡器的硅通孔结构及传输系数和眼图[44]

　　除了硅通孔自身的信号传输质量,硅通孔还会与周围器件发生耦合,引起诸多噪声问题。韩国科学技术研究院的 Kim 教授课题组使用传输线方法对硅通孔阵列进行剖分,对每个单元建立等效电路模型,通过数值仿真求解得到硅通孔阵列中的噪声传递函数[45]。美国圣地亚哥州立大学的 Engin 教授等基于硅通孔阵列的电感矩阵,推导得到电容和电导矩阵,基于多导体传输线模型解析求解,得到硅通孔阵列中的近端串扰和远端串扰[46]。美国佐治亚理工学院的 Lim 教授课题组给出了硅通孔与片上互连之间耦合电容的解析计算公式,并与商业仿真软件 Raphael 进行对比验证,证明利用所提出的计算方法可以节省计算资源和仿真时间[47]。

美国加利福尼亚大学圣芭芭拉分校的徐川博士基于分布式 R-C 网络,推导解析计算公式,准确提取了硅通孔与 MOS 器件之间的耦合噪声[48],如图 6.39 所示。

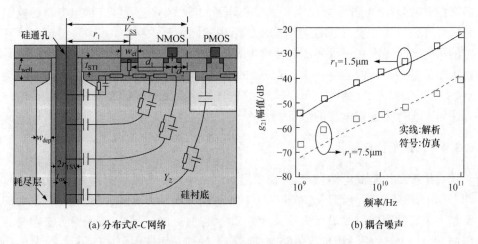

(a) 分布式R-C网络　　　　　　　　　　　(b) 耦合噪声

图 6.39　硅通孔与 MOS 器件间的分布式 R-C 网络和耦合噪声[48]

为提高三维集成电路的信号完整性,研究人员提出同轴硅通孔、自屏蔽差分硅通孔等多种新型结构[49-51],以及对硅通孔周围的衬底进行重掺杂,形成欧姆接触或 p＋接地层来抑制噪声[52,53]。对于传统的柱型硅通孔结构,可采用差分信号传输抑制噪声干扰[54,55],或通过布局优化,用接地硅通孔来屏蔽信号硅通孔之间的耦合。但这种方法会占用宝贵的芯片面积,更为常用的方法是在衬底表面使用保护环或衬底接点[45,56-58]。图 6.40 所示为硅通孔周围的保护环结构,可以看到噪声得到明显的抑制。

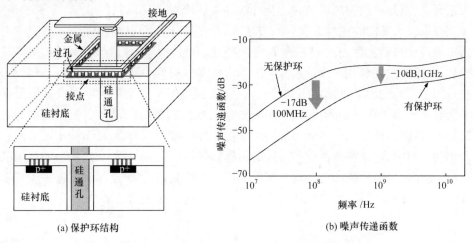

(a) 保护环结构　　　　　　　　　　　(b) 噪声传递函数

图 6.40　硅通孔周围的保护环和噪声抑制效果[45]

　　三维集成电路中必须关注电源分配网络的设计与优化,否则会导致定时误差、漏电流等问题。我国台湾的吴宗霖教授课题组针对三维集成电路中的电源分配网络,分别构建片上电源分配网络和硅通孔阵列的等效电路模型,并给出电路参数的解析计算公式[59]。为了抑制电源分配网络中的同步开关噪声,韩国科学技术研究院的研究人员提出在三维集成电路中加入去耦电容[60]。进一步地,美国密苏里科技大学的范峻教授课题组基于 MOS 管的结构特点,提出在硅通孔附近制造 n+接点,从而提供界面处的载流子,令硅通孔寄生电容在反型区仍保持在最大值,这种方法可减少片上去耦电容的数目[61]。

6.3.4　物理设计自动化

　　在传统二维集成电路领域,只需要考虑二维坐标不产生重叠即可,但在三维布图布局中,除了需要处理只分布于一个有源层的标准单元,还需要处理特殊设计的跨越多个有源层的三维设计模块。这种 2.5 维的设计方法受二维研究方法本身的限制,无法充分发挥三维集成电路物理结构上的优点而获得更优的设计。因此,在三维集成电路物理设计自动化的研究中,需充分考虑三维集成电路的结构特点,发挥三维结构在互连延迟等方面的优势,减少其结构所带来的功率密度、散热、良率等方面的负面影响,从而保证芯片的可靠性和高性能[62]。

　　在三维集成电路物理设计中,需要将每一个模块表示为一个三维的立方体,在 z 轴上有一个固定高度,此时不能使用常规的二维表示方法,必须使用新的表示方法。常用的数据结构有三维划分树、三维角块链和序列三元组等。当调整模块高度时,需要从候选库中选择最优的模块配置以满足优化过程中的要求,常用的数据结构在空间结构表达上不够灵活,因此发展新的更加灵活的三维模块数据结构至关重要,这也是制约物理设计自动化算法的关键因素。

　　在设计出灵活的三维数据表示方法后,即可基于该数据结构完成三维集成电路物理设计自动化算法。除了研究布图、布局、布线在增加 z 轴坐标后的约束条件描述,还需要发展对物理设计运算时间和求解质量有着关键影响的环节的新算法。在布图中需要注意多目标之间的制约关系,找到适用于三维集成电路设计的最佳平衡点并应用于算法实践;在布局中需要运用新的数据结构设计出更高效率的去交叠算法,例如通过标准单元的旋转来获得更好的布局结果等;在布线中需要注意局部拥塞问题,建立将布线设计阶段的运算结果重新输入布图、布局阶段的反馈机制,从而经过少量迭代即可实现对于局部拥塞的控制,并将该反馈机制进一步扩展获得系统级的布通率、热分布和时序约束等方面的共同优化结果[63]。

6.3.5　三维集成的热问题

　　三维集成电路的高密度封装导致三维集成电路的功率密度非常高,散热问题尤为突出,给集成电路的物理设计带来严重的挑战。在平面集成电路中,芯片发热已经对电路性能和可靠性产生了重要影响。采用三维工艺后,有源器件集成密度的大幅提高促使芯片功耗剧增,加之芯片内部使用的电介质填充材料导热性能不佳,因此,散热问题成为集成电路物理设计中必须首先考虑的难点问题之一。

热效应分析的关键是提高仿真精度和仿真速度,缩短仿真时间,实现对三维集成电路发热和散热情况的快速、准确的评估。现在,国内外常见的三维集成电路热效应分析方法有以下三种:

(1) 简单解析模型法[64]:假定三维集成电路的每层芯片产生的热量是独立且均匀的,仅考虑三维集成电路在纵向上的热阻及热传导特性,因此这种模型比较简单,呈一维热阻网络形式。该模型虽然精度不高,但计算速度快,可以粗略估计整个芯片的热分布。这种简单的解析方法可用于设计流程早期或芯片的详细物理信息不可知时,为后续过程中更准确的分析和设计提供必要的估算,用来考虑封装、散热及整个芯片系统的设计策略和成本控制。

(2) 紧凑温度模型法[65,66]:与平面集成电路不同,三维集成电路中的温度梯度和热传导率是各向异性的,在各个方向上都具有不同的分量。根据这一关键特性,紧凑温度模型将芯片产生的功率和热传导通过三维热阻网络来进行描述,将芯片分成局部细区块,以多个传导热阻值表示节点的三维方向关系,以矩阵方式计算节点温度,利用三维热阻网络分析芯片的温度分布,其计算精度优于解析模型的粗略估计。这种方法可以较快地得到芯片内部的温度分布情况,便于设计者适当调整发热区块的位置,以得到最佳的芯片层级散热效果。

(3) 基于网格计算的温度分析法[67]:基于有限差分法或有限元法等网格计算方法,可以提供高精度的三维集成电路热分析。基于网格计算的热学模型的主要优点是精度非常高,可以适应任何复杂的芯片物理结构和功率密度不均匀的区域,且网格自身的划分也可以具有复杂几何形状而不依赖于问题的边界条件。这种方法的缺点在于计算量较大,较为耗时。因此,该方法适合用来对芯片内的精细结构和关键位置进行详细而准确的分析,实现高精度的优化设计。

相比于硅衬底,硅通孔填充导体的热导率要大得多,因此有学者提出通过布局优化设计将硅通孔置于热点附近,或专门制造一些导热硅通孔,这些硅通孔不传输电信号,仅用于散热[68]。新加坡微电子所的科学家利用液体循环系统将芯片热量转移到热沉积中,如图 6.41 所示。实验表明,该系统可将模块中的应力减小30%~50%,有效改善性能[69]。类似地,美国佐治亚理工学院的 Bakir 教授课题组通过芯片刻蚀得到微通道,结合液体循环将热量导出,如图 6.42 所示[70]。他们还针对异质集成系统中对温度较为敏感的模块,将其与其他芯片用空气隙隔离开,用机械式柔性互连实现电连接,并将模块热量通过热桥直接导到热沉积中[71,72]。

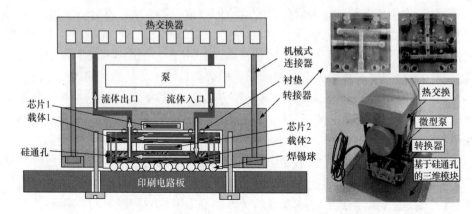

图 6.41　集成液体冷却系统的三维堆叠模块[69]

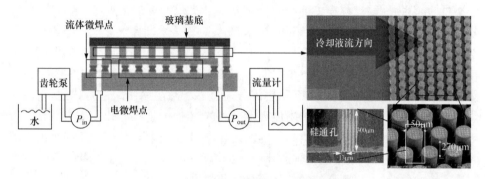

图 6.42　集成液体冷却系统的三维堆叠模块[70]

6.3.6　三维集成与硅通孔的应用

1. 无源器件

在集成电路中,片上电感会占据较大的芯片面积,如何减小片上电感的面积成为目前亟待解决的难题。在三维集成电路制造中,为了保证成品率,会增加一些冗余硅通孔。美国北卡罗来纳州立大学的研究人员提出利用这些冗余硅通孔制造片上无源器件,如电感、变压器等[73,74]。图 6.43 所示为基于硅通孔的螺线管式电感、变压器的结构和扫描电镜图,其中硅通孔为电镀铜的中空竖直导体,硅衬底为高阻硅(电阻率为 $\rho_{Si}=10\text{k}\Omega\cdot\text{cm}$)[73,74]。研究表明,基于硅通孔的螺线式电感器同样可以用 π 型模型建模[75]。为改善硅通孔电感的电学性能,美国密苏里科技大学的研究人员提出在硅通孔两侧刻蚀微通道,以降低衬底损耗,提升品质因数[76]。

随着微波毫米波系统的高速发展,人们在要求更高的电性能指标的同时,还要求更小的体积和重量。因此,研究者们提出基片集成波导(substrate integrated

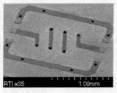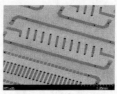

(a) 电感　　　　　　　　　　　　　　　　　　　　(b) 变压器

图 6.43　基于硅通孔的电感[73]和变压器[74]

waveguide,SIW)技术,具有低插损、低辐射和高功率容量等特性,可以使微波毫米波系统小型化,如图 6.44 所示。新加坡国立大学的郭永新教授等提出使用硅通孔技术,在硅衬底上实现基片集成波导结构[77],基于这种新型基片集成波导可设计片上天线和滤波器等器件,实现低成本、小型化的微波毫米波系统。新加坡微电子所的研究人员基于硅通孔,设计了发夹式带通滤波器(图 6.45),将硅衬底从低阻硅(low-resistivity silicon,LRS)变为高阻硅(high-resistivity silicon,HRS)可明显降低插入损耗[78]。此外,异质集成系统中可以用硅通孔作为馈电端口,构造片上天线[79]。

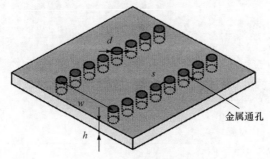

图 6.44　基片集成波导

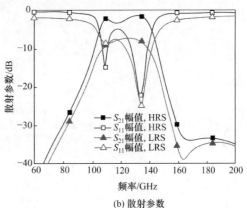

(a) 滤波器　　　　　　　　　　　　　　　(b) 散射参数

图 6.45　基于硅通孔的滤波器及其散射参数[78]

2. 隔离结构

当前系统集成度越来越高,衬底噪声已不可避免,而现有的隔离技术或无法满足需求,或难以用传统 CMOS 工艺进行加工。因此,日本松下公司的研究人员利用硅通孔技术,设计了一种新型噪声隔离结构,如图 6.46(a)和(b)所示。这种硅通孔为中空结构,可以将敏感模块或电路包围起来,以免受其他电路的影响。图 6.46(c)所示为两个片上单元的传输系数,当在两个单元之间使用硅通孔隔离结构时,耦合噪声被明显抑制。特别地,使用 H 型硅通孔结构可以使耦合噪声在 100MHz 和 1GHz 处分别降低 30dB 和 40dB,远远优于传统的噪声隔离技术[80]。类似地,新加坡微电子所的研究人员提出一种基于硅通孔的保护环结构,可以隔离三维集成电路中的热耦合[81]。这种结构用硅通孔包围住对温度敏感的电路,当热量从其他区域传递过来时,会通过硅通孔中热导率较大的导体传输到底部热沉积。

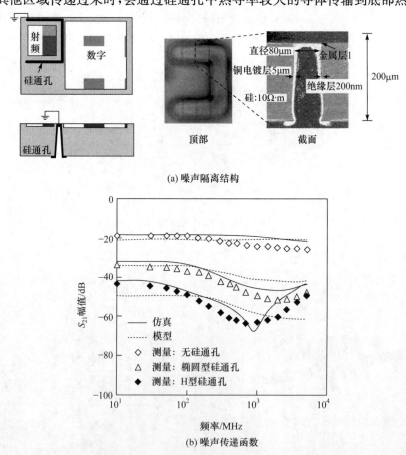

(a) 噪声隔离结构

(b) 噪声传递函数

图 6.46　基于硅通孔的噪声隔离结构及其对噪声的抑制作用[80]

3. MEMS 和传感器

MEMS 和传感器是目前应用三维集成技术最多的领域。工业界中最早利用硅通孔开展大规模量产的是东芝公司出品的 CMOS 影像传感器,如图 6.47 所示。之后东芝公司改进了硅通孔工艺,得到高深宽比硅通孔,并应用到背照式 CMOS 图像传感器中。美国麻省理工学院林肯实验室的研究人员利用硅通孔将探测器与信号处理电路集成在一起,实现短波红外探测器阵列[82]。我国台湾的陈冠能教授课题组应用硅通孔,将石英晶体谐振器集成到三维集成电路中[83],如图 6.48 所示。进一步地,他们用硅通孔将微探针阵列与 CMOS 电路连接起来,可减小互连长度,缩小封装尺寸,如图 6.49 所示。

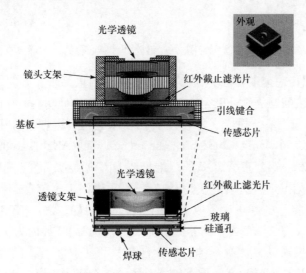

图 6.47　东芝公司出品的 CMOS 影像传感器

图 6.48　三维集成电路中的石英晶体谐振器[83]

4. 存储器

近年来随着移动设备的快速发展,人们对存储器容量的需求越来越大,而对芯片体积的限制却越来越严格。三维集成技术可以提高系统集成密度,实现更大的

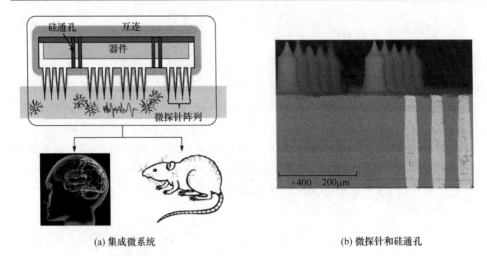

(a) 集成微系统　　　　　　　　　　　　　　(b) 微探针和硅通孔

图 6.49　集成微系统示意图、微探针阵列和硅通孔的 X 射频显微图[84]

容量,降低数据传输速度,因此已成为存储器领域的重要研究方向之一。另外,三
维集成电路的热问题仍然难以完全解决,因此更适用于低功耗的存储器领域。

2006 年韩国三星公司成功地将硅通孔技术应用到闪存芯片中,将八个 2GB
的动态随机存储(dynamic random access memory,DRAM)芯片堆叠起来。进一
步地,他们于 2010 年公布了 8GB 的三维集成 DRAM 芯片(图 6.50),其中芯片共
有四层,底部为主芯片,上面三层为从芯片[85]。相比于传统存储器,三维集成的
DRAM 芯片可将容量提升 50% 以上,节省 40% 的功耗。之后 IBM、SK 海力士等
公司也开始投入到三维集成存储器的研发中,如 2014 年 SK 海力士发布了 128GB
的 DDR4 内存模块芯片。近年来,市场上出现了基于硅通孔的存储器产品,据
Yole 报道,到 2020 年硅通孔三维存储器市场的复合年增长率可达 43%。此外,将
处理器与存储器集成在一起,可有效降低存储器读取周期,提升系统的整体性能,

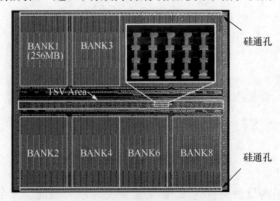

图 6.50　四层 DRAM 芯片的显微照片[85]

美国英特尔公司、韩国三星公司、日本日立公司和比利时微电子中心等都在相关领域开展了大量研究[86,87]。

参 考 文 献

[1] Akasaka Y. Three-dimensional IC trends[J]. Proceedings of the IEEE, 1986, 74 (12): 1703-1725.

[2] Lau J H. Overview and outlook of through-silicon via (TSV) and 3D integrations[J]. Microelectronics International, 2011, 28(2): 8-22.

[3] Apte P, Bottoms W R, Chen W, et al. Good things in small packages[J]. IEEE Spectrum, 2011, 48(3): 44-49.

[4] 王喆垚. 三维集成技术[M]. 北京: 清华大学出版社, 2014.

[5] Pavlidis V F, Friedman E G. Three-Dimensional Integrated Circuit Design[M]. San Francisco: Morgan Kaufmann, 2008.

[6] Banerjee K, Souri S J, Kapur P, et al. 3-D ICs: A novel chip design for improving deep-submicrometer interconnect performance and systems-on-chip integration[J]. Proceedings of the IEEE, 2001, 89(5): 602-631.

[7] Xue L, Liu C C, Kim H S, et al. Three-dimensional integration: Technology, use, and issues for mixed-signal applications[J]. IEEE Transactions on Electron Devices, 2003, 50 (3): 601-609.

[8] Rajendran B, Shenoy R S, Witte D J, et al. Low thermal budget processing for sequential 3-D IC fabrication[J]. IEEE Transactions on Electron Devices, 2007, 54(4): 707-714.

[9] Shulaker M M, Wu T F, Sabry M M, et al. Monolithic 3D integration: A path from concept to reality[C]. Proceedings of the Design Automation & Test in Europe Conference & Exhibition, Grenoble, 2015.

[10] Kühn S A, Kleiner M B, Thewes R, et al. Vertical signal transmission in three-dimensional integrated circuits by capacitive coupling[C]. Proceedings of the IEEE International Symposium on Circuits and Systems, Washington DC, 1995.

[11] Take Y, Matsutani H, Sasaki D, et al. 3D NoC with inductive-coupling links for building-block SiPs[J]. IEEE Transactions on Computer, 2014, 63(3): 748-763.

[12] Kim D H, Lim S K. Physical design and CAD tools for 3-D integrated circuits: Challenges and opportunities[J]. IEEE Design & Test, 2015, 32(4): 8-22.

[13] Song J, Park S, Kim S, et al. Active silicon interposer design for interposer-level wireless power transfer technology for high-density 2. 5-D and 3-D ICs[J]. IEEE Transactions on Components, Packaging and Manufacturing Technology, 2016, 6(8): 1148-1161.

[14] International Technology Roadmap for Semiconductors (ITRS). ITRS reports[EB/OL]. http://www. itrs2. net/itrs-reports. html[2016-07-10].

[15] Koyanagi M, Nakamura T, Yamada Y, et al. Three-dimensional integration technology based on wafer bonding with vertical buried interconnections[J]. IEEE Transactions on Electron

Devices,2006,53(11):2799-2808.

[16] 朱樟明,杨银堂. 硅通孔与三维集成电路[M]. 北京:科学出版社,2016.

[17] Dorsey P. Xilinx stacked silicon interconnect technology delivers breakthrough FPGA capacity, bandwidth,and power efficiency[R]. San Jose:Xilinx,2010.

[18] Shockley W. Semiconductor wafer and method of making the same:US,3044909[P]. 1962.

[19] Morrow P R,Park C M,Kobrinsky M J,et al. Three-dimensional wafer stacking via Cu-Cu bonding integrated with 65-nm strained-Si/low-k CMOS technology[J]. IEEE Electron Device Letters,2006,27(5):335-337.

[20] Motoyoshi M. Through-silicon via[J]. Proceedings of the IEEE,2009,97(1):43-48.

[21] Stucchi M,Perry D,Katti G,et al. Test structures for characterization of through-silicon vias[J]. IEEE Transactions on Semiconductor Manufacturing,2012,25(3):355-364.

[22] Stucchi M,Velenis D,Katti G. Capacitance measurements of two-dimensional and three-dimensional IC interconnect structures by quasi-static C-V technique[J]. IEEE Transactions on Instrumentation and Measurement,2012,61(7):1979-1990.

[23] Thadesar P A,Bakir M S. Novel photo-defined polymer-enhanced through-silicon vias for silicon interposers[J]. IEEE Transactions on Components, Packaging and Manufacturing Technology,2013,3(7):1130-1137.

[24] Chen Q,Huang C,Wu D,et al. Ultralow-capacitance through-silicon vias with annular air-gap insulation layers[J]. IEEE Transactions on Electron Devices,2013,60(4):1421-1426.

[25] Thadesar P A,Bakir M S. Fabrication and characterization of polymer-enhanced TSVs,inductors,and antennas for mixed-signal silicon interposer platforms[J]. IEEE Transactions on Components,Packaging and Manufacturing Technology,2016,6(3):455-463.

[26] Oh H,Thadesar P A,May G S,et al. Low-loss air-isolated through-silicon vias for silicon interposers[J]. IEEE Microwave and Wireless Components Letters,2016,26(3):168-170.

[27] Wang W,Yan Y,Ding Y,et al. Electrical characteristics of a novel interposer technique using ultra-low-resistivity silicon-pillars with polymer insulation as TSVs[J]. Microelectronic Engineering,2015,137(C):146-152.

[28] Wang X,Xiong M,Chen Z,et al. Wideband capacitance evaluation of silicon-insulator-silicon through-silicon vias for 3D integration applications[J]. IEEE Electron Device Letters,2016, 37(2):216-219.

[29] Lau J H,Lee C K,Zhan C J,et al. Through-silicon hole interposers for 3-D IC integration[J]. IEEE Transactions on Components,Packaging and Manufacturing Technology,2014,4(9): 1407-1419.

[30] Sukumaran V,Bandyopadhyay T,Sundaram V,et al. Low-cost thin glass interposers as a superior alternative to silicon and organic interposers for packaging of 3-D ICs[J]. IEEE Transactions on Components, Packaging and Manufacturing Technology, 2012, 2 (9): 1426-1433.

［31］Koyanagi M. 3D integration technology and reliability[C]. Proceedings of the IEEE International Reliability Physics Symposium,Monterey,2011.

［32］Okoro C,Lau J W,Golshany F,et al. A detailed failure analysis examination of the effect of thermal cycling on Cu TSV reliability[J]. IEEE Transactions on Electron Devices,2014, 61(1):15-22.

［33］Lannon J,Hilton A,Huffman A,et al. Fabrication and testing of a TSV-enabled Si interposer with Cu-and polymer-based multilevel metallization[J]. IEEE Transactions on Components,Packaging and Manufacturing Technology,2014,4(1):153-157.

［34］Deutsh S,Chakrabarty K. Contactless pre-bond TSV test and diagnosis using ring oscillators and multiple voltage levels[J]. IEEE Transactions on Computer-Aided Design of Integrated Circuits and Systems,2014,33(5):774-785.

［35］Hu S,Jin C,Li H,et al. Fast location of opens in TSV-based 3-D chip using simple resistor chain[J]. IEEE Transactions on Electron Devices,2014,61(7):2584-2587.

［36］Zheng J,Zhao W S,Wang G. A systematic test approach for through-silicon via (TSV) process[C]. Proceedings of the IEEE IMWS-AMP,Suzhou,2014.

［37］Kwon D,Azarian M H,Pecht M G. Detection of solder joint degradation using RF impedance analysis[C]. Proceedings of the 58th IEEE Electronic Components and Technology Conference,Lake Buena Vista,2008.

［38］Okoro C,Kabos P,Obrzut J,et al. Accelerated stress test assessment of through-silicon via using RF signals[J]. IEEE Transactions on Electron Devices,2013,60(6):2015-2021.

［39］Kim J,Cho J,Pak J S,et al. High-frequency through-silicon via (TSV) failure analysis[C]. Proceedings of the 20th IEEE Conference on Electrical Performance of Electronic Packaging and Systems,San Jose,2011.

［40］Ryu S K,Lu K H,Zhang X,et al. Impact of near-surface thermal stresses on interfacial reliability of through-silicon vias for 3-D integration[J]. IEEE Transactions on Device and Materials Reliability,2011,11(1):35-43.

［41］Tsai M Y,Huang P S,Huang C Y,et al. Investigation on Cu TSV-induced KOZ in silicon chips:Simulations and experiments[J]. IEEE Transactions on Electron Devices, 2013, 60(7):2331-2337.

［42］Mak W K,Chu C. Rethinking the wirelength benefit of 3-D integration[J]. IEEE Transactions on Very Large Scale Integration Systems,2012,20(12):2346-2351.

［43］Wang F J,Zhu Z M,Yang Y T,et al. An effective approach of reducing the keep-out-zone induced by coaxial through-silicon-via[J]. IEEE Transactions on Electron Devices,2014, 61(8):2928-2934.

［44］Sun R B,Wen C Y,Wu R B. Passive equalizer design for through silicon vias with perfect compensation[J]. IEEE Transactions on Components,Packaging and Manufacturing Technology,2011,1(11):1815-1822.

［45］Cho J,Song E,Yoon K,et al. Modeling and analysis of through-silicon via (TSV) noise coupling and suppression using a guard ring[J]. IEEE Transactions on Components, Packaging and Manufacturing Technology, 2011, 1(2): 220-233.

[46] Engin A E, Narasimhan S R. Modeling of crosstalk in through-silicon vias[J]. IEEE Transactions on Electromagnetic Compatibility, 2013, 55(1): 149-158.

[47] Kim D H, Mukhopadhyay S, Lim S K. Fast and accurate analytical modeling of through-silicon-via capacitive coupling[J]. IEEE Transactions on Components, Packaging and Manufacturing Technology, 2011, 1(2): 168-180.

[48] Xu C, Suaya R, Banerjee K. Compact modeling and analysis of through-Si-via-induced electrical noise coupling in three-dimensional ICs[J]. IEEE Transactions on Electron Devices, 2011, 58(11): 4024-4034.

[49] Zhao W S, Yin W Y, Wang X P, et al. Frequency-and temperature-dependent modeling of coaxial through-silicon vias for 3-D ICs[J]. IEEE Transactions on Electron Devices, 2011, 58(10): 3358-3368.

[50] Liang F, Wang G, Zhao D, et al. Wideband impedance model for coaxial through-silicon vias in 3-D integration[J]. IEEE Transactions on Electron Devices, 2013, 60(8): 2498-2504.

[51] Lu Q, Zhu Z, Yang Y, et al. Electrical modeling and characterization of shield differential through-silicon vias[J]. IEEE Transactions on Electron Devices, 2015, 62(5): 1544-1552.

[52] Yang D C, Xie J, Swaminathan M, et al. A rigorous model for through-silicon vias with ohmic contact in silicon interposer[J]. IEEE Microwave and Wireless Components Letters, 2013, 23(8): 385-387.

[53] Yin X, Zhu Z, Yang Y, et al. Effectiveness of p+ layer in mitigating substrate noise induced by through-silicon via for microwave applications[J]. IEEE Microwave and Wireless Components Letters, 2016, 26(9): 687-689.

[54] Kim J, Cho J, Kim J, et al. High-frequency scalable modeling and analysis of a differential signal through-silicon via[J]. IEEE Transactions on Components, Packaging and Manufacturing Technology, 2014, 4(4): 697-707.

[55] Zhao W S, Zheng J, Liang F, et al. Wideband modeling and characterization of differential through-silicon vias for 3-D ICs[J]. IEEE Transactions on Electron Devices, 2016, 63(3): 1168-1175.

[56] Gu X, Silberman J A, Young A M, et al. Characterization of TSV-induced loss and substrate noise coupling in advanced three-dimensional CMOS SOI technology[J]. IEEE Transactions on Components, Packaging and Manufacturing Technology, 2013, 3(11): 1917-1925.

[57] Lin L J H, Chiou Y P. 3-D transient analysis of TSV-induced substrate noise: Improved noise reduction in 3-D-ICs with incorporation of guarding structures[J]. IEEE Electron Device Letters, 2014, 35(6): 660-662.

[58] Kim K D, Jun B J, Kim J B, et al. Effectiveness of a guard ring utilizing an inversion layer surrounding a through silicon via[J]. IEEE Electron Device Letters, 2015, 36(3): 268-270.

[59] Cheng C H, Cheng T Y, Du C H, et al. An equation-based circuit model and its generation

tool for 3-D IC power delivery networks with an emphasis on coupling effect[J]. IEEE Transactions on Components, Packaging and Manufacturing Technology, 2014, 4 (6): 1062-1070.

[60] Song E, Koo K, Pak J S, et al. Through-silicon-via-based decoupling capacitor stacked chip in 3-D-ICs[J]. IEEE Transactions on Components, Packaging and Manufacturing Technology, 2013, 3(9): 1467-1480.

[61] Hwang C, Achkir B, Fan J. Capacitance enhanced through-silicon via for power distribution networks in 3D ICs[J]. IEEE Electron Device Letters, 2016, 37(4): 478-481.

[62] Xie Y, Cong J J, Sapatnekar S. Three-Dimensional Integrated Circuit Design: EDA, Design and Microarchitectures[M]. New York: Springer, 2010.

[63] Kim D H, Topaloglu R O, Kim S K. Block-level 3D IC design with through-silicon-via planning[C]. Proceedings of the 17th IEEE Asia and South Pacific Design Automation Conference, Sydney, 2012.

[64] Wang K, Pan Z. An analytical model for steady-state and transient temperature fields in 3-D integrated circuits[J]. IEEE Transactions on Components, Packaging and Manufacturing Technology, 2016, 6(7): 1026-1039.

[65] der Plas G V, Limaye P, Loi I, et al. Design issues and considerations for low-cost 3-D TSV IC technology[J]. IEEE Journal of Solid-State Circuits, 2011, 46(1): 293-317.

[66] Hsu P Y, Chen H T, Hwang T T. Stacking signal TSV for thermal dissipation in global routing for 3-D IC[J]. IEEE Transactions on Computer-Aided Design of Integrated Circuits and Systems, 2014, 33(7): 1031-1042.

[67] Xie J, Swaminathan M. Electrical-thermal cosimulation with nonconformal domain decomposition method for multiscale 3-D integrated systems[J]. IEEE Transactions on Components, Packaging and Manufacturing Technology, 2014, 4(4): 588-601.

[68] Nihei M, Kawabata A, Murakami T, et al. Improved thermal conductivity by vertical graphene contact formation for thermal TSV[C]. Proceedings of the IEEE International Electron Devices Meeting, San Francisco, 2012.

[69] Yang G Y, Tan S P, Khan N, et al. Integrated liquid cooling systems for 3-D stacked TSV modules[J]. IEEE Transactions on Components and Packaging Technologies, 2010, 33(1): 184-195.

[70] Oh H, Zhang Y, Zheng L, et al. Fabrication and characterization of electrical interconnects and microfluidic cooling for 3D ICs with silicon interposer[J]. Heat Transfer Engineering, 2016, 37(11): 903-911.

[71] Zhang Y, Zhang Y, Bakir M S. Thermal design and constraints for heterogeneous integrated chip stacks and isolation technology using air gap and thermal bridge[J]. IEEE Transactions on Components, Packaging and Manufacturing Technology, 2014, 4(12): 1914-1924.

[72] Zhang Y, Zhang Y, Sarvy T, et al. Thermal isolation using air gap and mechanically flexible interconnects for heterogeneous 3-D ICs[J]. IEEE Transactions on Components, Packaging

and Manufacturing Technology,2016,6(1):31-39.

[73] Carlson J, Lueck M, Bower C A, et al. A stackable silicon interposer with integrated through-wafer inductors[C]. Proceedings of the 57th IEEE Electronic Components and Technology Conference,Sparks,2007.

[74] Feng Z, Lueck M R, Temple D S, et al. High-performance solenoidal RF transformers on high-resistivity silicon substrates for 3D integrated circuits[J]. IEEE Transactions on Microwave Theory and Techniques,2012,60(7):2066-2072.

[75] Zheng J, Wang D W, Zhao W S, et al. Modeling of TSV-based solenoid inductors for 3-D integration[C]. Proceedings of the IEEE International Microwave Workshop Series on Advanced Materials and Processes for RF and THz Applications,Suzhou,2015.

[76] Tida U R, Yang R, Zhuo C, et al. On the efficacy of through-silicon-via inductors[J]. IEEE Transactions on Very Large Scale Integration Systems,2015,23(7):1322-1334.

[77] Guo Y X, Chu H. High-efficiency millimeter-wavesubstrate integrated waveguide silicon on-chip antenna using through silicon via[C]. Proceedings of the IEEE International Conference on Ultra-Wideband,Nanjing,2010.

[78] Hu S, Wang L, Xiong Y Z, et al. TSV technology for millimeter-wave and terahertz design and applications[J]. IEEE Transactions on Components, Packaging and Manufacturing Technology,2011,1(2):260-267.

[79] Ji C, Sekhar V N, Bao X, et al. Antenna-in-package design based on wafer-level packaging with through silicon via technology[J]. IEEE Transactions on Components, Packaging and Manufacturing Technology,2013,3(9):1498-1505.

[80] Uemura S, Hiraoka Y, Kai T, et al. Isolation techniques against substrate noise coupling utilizing through silicon via (TSV) process for RF/mixed-signal SoCs[J]. IEEE Journal of Solid-State Circuits,2012,47(4):810-816.

[81] Hu S, Hoe Y Y G, Li H, et al. A thermal isolation technique using through-silicon vias for three-dimensional ICs[J]. IEEE Transactions on Electron Devices,2013,60(3):1282-1287.

[82] Temple D, Bower C A, Malta D, et al. High density 3-D integration technology for massively parallel signal processing in advanced infrared focal plane array sensors[C]. Proceedings of the IEEE International Electron Devices Meeting,San Francisco,2006.

[83] Shih J Y, Chen Y C, Chiu C H, et al. Advanced TSV-based crystal resonator devices using 3-D integration scheme with hermetic sealing[J]. IEEE Electron Device Letters,2013,34(8):1041-1043.

[84] Chou L C, Lee S W, Huang P T, et al. A TSV-based bio-signal package with μ-probe array[J]. IEEE Electron Device Letters,2014,35(2):256-258.

[85] Kang U, Chung H J, Heo S, et al. 8 Gb 3-D DDR3 DRAM using through-silicon-via technology[J]. IEEE Journal of Solid-State Circuits,2010,45(1):111-119.

[86] Sekiguchi T, Ono K, Kotabe A, et al. 1-Tbyte/s 1-Gbit DRAM architecture using 3-D inter-connect for high-throughput computing [J]. IEEE Journal of Solid-State Circuits, 2011, 46(4):828-837.

[87] Satheesh S M, Salman E. Power distribution in TSV-based 3-D processor-memory stacks[J]. IEEE Journal on Emerging and Selected Topics in Circuits and Systems, 2012, 2 (4): 692-703.

第7章 硅通孔的特性分析

硅通孔是实现三维集成电路的关键技术，可以替代传统的片上全局层互连线，缩小全局互连长度，降低时延与功耗。由于三维集成电路的集成密度高，硅通孔的寄生效应对集成电路设计与性能的影响十分显著。因此，必须考虑硅通孔的寄生效应，准确提取寄生参数，建立电路模型，分析硅通孔的电学特性，优化性能，为三维集成电路的设计提供指导。本章将针对硅通孔建立等效电路模型，基于电路模型进一步研究硅通孔的传输特性。

7.1 硅通孔的电路模型

7.1.1 硅通孔的低频电路模型

硅通孔的低频电学特性可以用集总电路模型表征，如图 7.1 所示。其中，R_{TSV}、L_{TSV} 和 C_{TSV} 分别表示硅通孔的电阻、电感和电容，R_{TSV} 可根据圆柱导体的电阻计算公式得到[1]：

$$R_{TSV} = \frac{\rho h_{TSV}}{\pi r_{TSV}^2} \tag{7.1}$$

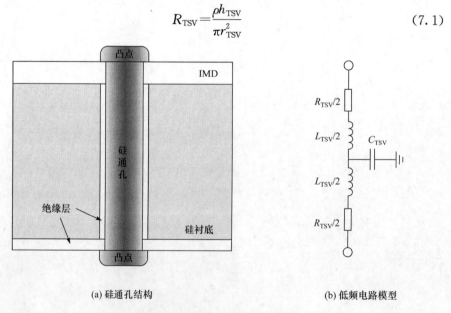

(a) 硅通孔结构　　　　　　　　　　(b) 低频电路模型

图 7.1　硅通孔结构及其低频电路模型

其中，ρ 为硅通孔填充导体的电阻率；h_{TSV} 和 r_{TSV} 分别为硅通孔的高度和半径。

随着工作频率的升高，趋肤效应对硅通孔的电阻参数产生影响，可根据电流传导的有效截面积对式(7.1)进行修正[2]。一般情况下，硅通孔的直流电阻为几十毫欧姆。随着工艺技术的发展，硅通孔的尺寸越来越小，直流电阻相应增大。例如，高度为 $20\mu m$、半径为 $0.9\mu m$ 的硅通孔，直流电阻可达 132 mΩ。

硅通孔的局部自感为[1]

$$L_{TSV}=\frac{\mu h_{TSV}}{2\pi}\left\{\ln\left[\frac{2h_{TSV}+\sqrt{r_{TSV}^2+(2h_{TSV})^2}}{r_{TSV}}\right]+\frac{r_{TSV}}{2h_{TSV}}-\frac{\sqrt{r_{TSV}^2+(2h_{TSV})^2}}{2h_{TSV}}\right\}$$

$$(7.2)$$

其中，μ 为磁导率。

硅通孔在径向上为金属-氧化层-半导体(metal-oxide-semiconductor,MOS)结构，因此，硅通孔电容也随着偏置电压的变化而变化。比利时微电子中心的研究人员通过实验验证了硅通孔的 MOS 效应[1]。如图 7.2 所示，P 型硅衬底中，硅通孔电容随偏置电压的变化可分为积累区、耗尽区和反型区三个区域[3]。

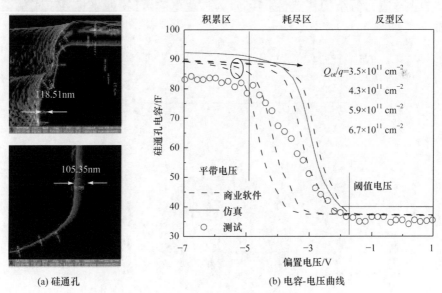

(a) 硅通孔　　　　　　　　　(b) 电容-电压曲线

图 7.2　硅通孔的电容-电压曲线[1]

(1) 积累区：偏置电压小于平带电压，氧化层-硅衬底界面积累了大量空穴，硅通孔电容 C_{TSV} 即氧化层电容 C_{ox}。

(2) 耗尽区：随着偏置电压的增大，当电压超过平带电压后，电子向氧化层-硅衬底界面处聚集，耗尽区出现。耗尽区中电子和空穴的浓度都很低，厚度随偏置电压的增大而增大，因此耗尽层电容 C_{dep} 随偏置电压的增大而减小。此时，硅通孔电

容 C_{TSV} 为氧化层电容 C_{ox} 和耗尽层电容 C_{dep} 的串联值,同样随偏置电压的增大而减小。

（3）反型区：偏置电压超过阈值电压,半导体表面的导电类型从 P 型转变为 N 型,表面有大量的电子。耗尽层的厚度达到最大值（即耗尽层半径 r_{dep} 达到最大值 r_{max}）,不再随偏置电压的增大而变化。此时,耗尽层电容 C_{dep} 最小,硅通孔电容 C_{TSV} 也达到最小值 $C_{TSV\,min}$。

氧化层中往往存在各种电荷,它们会影响平带电压的大小,因此,实际应用中硅通孔电容 C_{TSV} 一般处于最小值 $C_{TSV\,min}$。根据这一现象,文献[4]提出控制氧化层中的电荷使图 7.2 中的电容-电压曲线向左移动,强制令硅通孔电容 C_{TSV} 在工作电压范围内保持在最小值 $C_{TSV\,min}$。文献[5]则认为耗尽层电容 C_{dep} 受衬底中杂质的掺杂浓度和温度的影响,在信号通过时并不稳定,而硅通孔电容 C_{TSV} 对整个互连线性能的影响有限。因此,可以通过控制工艺将氧化层固定电荷从正电荷调整为负电荷,从而将电容-电压曲线向右推动,使工作电压范围内硅通孔电容 C_{TSV} 保持为氧化层电容 C_{ox}。

根据硅通孔的结构特点（图 7.3）,为提取电容,可在柱坐标系下求解泊松方程[3]

$$\frac{1}{r}\frac{\partial}{\partial r}\left(r\frac{\partial \psi(r)}{\partial r}\right)=\frac{-q[p(r)-n(r)-N_a+N_d]}{\varepsilon_0 \varepsilon_{Si}}, \quad r \geqslant r_{ox} \tag{7.3}$$

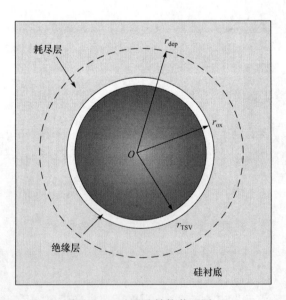

图 7.3　硅通孔结构截面图

其中,$\psi(r)$ 为硅通孔周围衬底中的静电电势;$r_{ox}(=r_{TSV}+t_{ox})$ 表示硅通孔氧化层半径；t_{ox} 为氧化层厚度；ε_0 为真空介电常数；ε_{Si} 为硅衬底的相对介电常数；$n(r)$ 和 $p(r)$ 为硅衬底的电子浓度和空穴浓度；N_a 和 N_d 为硅衬底中受主杂质和施主杂质的掺杂浓度。

P 型硅衬底中，施主杂质的掺杂浓度 N_d 通常为 0，热平衡状态下多子空穴的浓度 p_0 等于受主杂质的掺杂浓度 N_a，少子电子的浓度 $n_0 = n_i^2/N_a$，其中 n_i 为硅衬底的本征载流子浓度：

$$n_i(T) = 9.38 \times 10^{19} \left(\frac{T}{300}\right)^2 e^{-6884/T} \tag{7.4}$$

其中，T 为温度。

当加载偏置电压后，多子空穴和少子电子的浓度分别为 $p(r) = p_0 \exp[-e\psi(r)/(k_B T)]$ 和 $n(r) = n_0 \exp[e\psi(r)/(k_B T)]$，其中 e 为电子电荷，k_B 为玻尔兹曼常量。

室温条件下可忽略空穴和电子的浓度，结合边界条件 $\psi(r)\big|_{r=r_{dep}} = 0$ 和 $-\dfrac{\partial \psi(r)}{\partial r}\bigg|_{r=r_{dep}} = 0$，通过数值计算得到硅通孔电容值[1]。基于朗伯 W 函数，文献[6]给出了更为简便的硅通孔电容计算方法。由于三维集成电路的集成密度较高，热量很难散出去，在建模研究中必须考虑芯片内温度的影响。由于式(7.3)很难得到解析解，文献[3]给出了高温环境下硅通孔电容的迭代计算方法，首先通过式(7.5)求解得到 r_{max} 的初始值：

$$\frac{q(N_a+p-n)r_{ox}^2}{4\varepsilon_0\varepsilon_{Si}} - \frac{q(N_a+p-n)r_{max}^2}{2\varepsilon_0\varepsilon_{Si}}\ln(r_{ox}) + \frac{q(N_a+p-n)r_{max}^2}{4\varepsilon_0\varepsilon_{Si}}[2\ln(r_{max})-1]$$
$$= \frac{2k_B T}{q}\ln\left(\frac{N_a+p-n}{n_i}\right) \tag{7.5}$$

接着将 r_{max} 的初始值代入式(7.6)，即可得到静电电势为[3]

$$\psi(r) = \frac{qN_a r^2}{4\varepsilon_0\varepsilon_{Si}} - \frac{qN_a r_{max}^2}{2\varepsilon_0\varepsilon_{Si}}\ln(r) + \frac{qN_a r_{max}^2}{4\varepsilon_0\varepsilon_{Si}}[2\ln(r_{max})-1] \tag{7.6}$$

将 $p(r)$ 和 $n(r)$ 在 r_{ox} 到 r_{max} 范围内进行积分，可以得到耗尽区内空穴和电子的总浓度 p' 和 n'，这里将式(7.5)中的 p 和 n 替换为 p' 和 n'，即可重新计算得到 r_{max}。反复迭代计算直到收敛，此时确定了 r_{max} 的稳定值，即可得到硅通孔电容 C_{TSV} 在反型区的最小值为

$$C_{TSV\,min} = \left(\frac{1}{C_{ox}} + \frac{1}{C_{dep}}\right)^{-1} = 2\pi\varepsilon_0 h_{TSV}\left[\frac{1}{\varepsilon_{ox}}\ln\left(\frac{r_{ox}}{r_{TSV}}\right) + \frac{1}{\varepsilon_{Si}}\ln\left(\frac{r_{max}}{r_{ox}}\right)\right]^{-1} \tag{7.7}$$

其中，ε_{ox} 为氧化层的相对介电常数。

如前所述，为了减少电容对硅通孔电学性能的影响，可通过调节氧化层电荷使硅通孔在工作电压范围内保持在反型区，即硅通孔电容始终为其最小值。

表 7.1 给出了迭代计算得到的硅通孔寄生电容值 $C_{TSV\,min}$，并与测试结果进行

对比验证,其中硅通孔高度 $h_{TSV}=42\mu m$,半径 $r_{TSV}=2.4\mu m$,氧化层厚度 $t_{ox}=200nm$,衬底中受主杂质的掺杂浓度 $N_a=1.45\times10^{15}\,cm^{-3}$。

表 7.1　不同温度条件下的硅通孔电容值[3]

$T/^\circ\!C$	测试值/fF	计算值/fF	误差/%
25	60.009	60.499	0.81
50	60.303	61.698	2.31
75	61.210	62.961	2.86
100	63.774	65.187	2.21
125	69.229	67.120	−3.04

7.1.2　硅通孔的高频电路模型

与低频电路模型不同,硅通孔的高频建模必须考虑衬底损耗的影响。图 7.4 给出了圆柱型硅通孔对的结构和等效电路模型,其中 C_{Si} 和 G_{Si} 分别表示衬底电容和衬底电导,可以通过双导体传输线模型推导得到[7]:

$$C_{Si}=\frac{\pi\varepsilon_0\varepsilon_{Si}h_{TSV}}{\text{arccosh}(0.5p_{TSV}/r_{dep})} \tag{7.8}$$

$$G_{Si}=\frac{\sigma_{Si}}{\varepsilon_0\varepsilon_{Si}}C_{Si} \tag{7.9}$$

其中,p_{TSV} 为相邻硅通孔的间距;σ_{Si} 为硅衬底电导率。

图 7.4 所示的等效电路模型可以简化为传输线模型,传输线的导纳参数为

$$Y=\left(\frac{2}{j\omega C_{TSV}}+\frac{1}{G_{Si}+j\omega C_{Si}}\right)^{-1}\times\frac{1}{h_{TSV}} \tag{7.10}$$

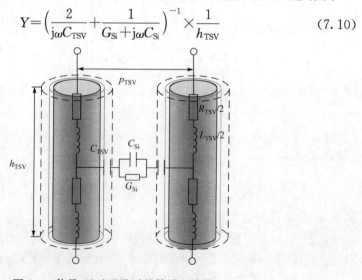

图 7.4　信号-地硅通孔对的等效电路模型

其中，ω 为角频率。

基于电磁场理论，Xu 等推导得到了信号-地硅通孔对的阻抗为[8]

$$Z_{TSV} = 2Z_{metal} + R_{sub} + j\omega L_{outer} \qquad (7.11)$$

其中

$$Z_{metal} = \frac{\rho \cdot (1-j) \cdot J_0\big[(1-j)r_{TSV}/\delta\big]}{2\pi r_{TSV}\delta \cdot J_1\big[(1-j)r_{TSV}/\delta\big]} \qquad (7.12)$$

$$R_{sub} \approx \frac{\omega\mu}{2}\text{Re}\left[H_0^{(2)}\left(\frac{1-j}{\delta_{Si}}r_{dep}\right) - H_0^{(2)}\left(\frac{1-j}{\delta_{Si}}p_{TSV}\right)\right] \qquad (7.13)$$

$$L_{outer} \approx \frac{\mu}{\pi}\text{arccosh}\left(\frac{p_{TSV}}{2r_{TSV}}\right) \qquad (7.14)$$

其中，$J_0(\cdot)$ 和 $J_1(\cdot)$ 为零阶和一阶第一类贝塞尔函数；$H_0^{(2)}(\cdot)$ 为零阶第二类汉克尔函数；δ 为趋肤深度。

当图 7.4 中的等效电路模型简化为传输线模型时，传输线模型中的阻抗参数为 $Z = Z_{TSV}/h_{TSV}$。图 7.5 给出了硅通孔对的开路导纳和短路阻抗，其中硅通孔半径和高度分别为 2.5μm 和 54μm，氧化层厚度为 500nm，硅通孔间距为 15μm。图中的实线和符号分别由等效电路模型和全波电磁仿真软件得到，可以看到两者吻合得很好。

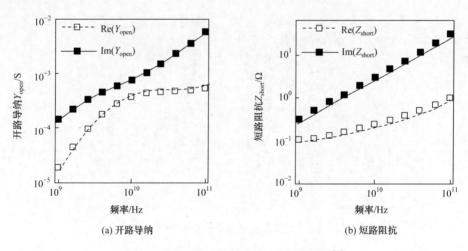

(a) 开路导纳　　　　　　　　　　　(b) 短路阻抗

图 7.5　硅通孔对的开路导纳和短路阻抗[8]

7.2　差分硅通孔的特性分析

随着人们对带宽的需求愈发迫切，三维集成电路的工作频率不断提高，噪声耦合和电磁干扰问题（图 7.6）愈加严重。在实际应用中，通常使用差分信号来保障信号完整性,因而有必要开展三维集成电路中差分信号传输的建模研究工作。针对差分硅通孔,即地-信号-信号-地(ground-signal-signal-ground,GSSG)类型的典型结构,韩国科学技术院的研究人员率先展开研究,提出相应的等效电路模型[9]。但他们提出的电路模型仅适用于最高至 20 GHz 的频率范围,远远小于当前集成电路的特征频率。我国台湾学者将差分硅通孔的等效电路模型扩展至 40 GHz 频率范围,但仍不满足需求[10,11]。在他们的研究工作中,都忽略了 MOS 效应的影响。进一步地,西安电子科技大学的朱樟明教授研究团队针对自屏蔽差分硅通孔,给出了适用频率高达 100 GHz 的等效电路模型,以及电路参数的解析计算公式[12]。考虑到自屏蔽差分硅通孔工艺较为复杂,仍需要针对更为通用的 GSSG 类型差分硅通孔展开建模研究,提出适用频率范围高达 100 GHz 的等效电路模型,基于等效电路模型分析差分硅通孔的电学特性[13]。

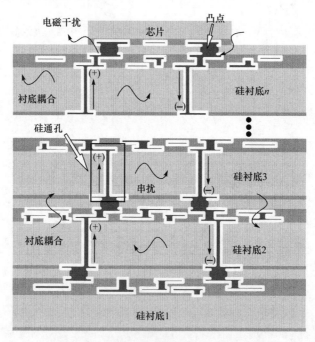

图 7.6　　三维集成电路中的电磁兼容问题

7.2.1　差分硅通孔的等效电路模型

差分硅通孔的结构如图 7.7 所示,主要包含中间两根信号硅通孔和两侧两根地硅通孔。为不失一般性,本节主要介绍柱型硅通孔传输差分信号时的电学性能。一般情况下,三维集成电路中的硅通孔具有相同的尺寸。图 7.8 给出了差分硅通孔的顶端示意图和等效导纳电路图。通常硅通孔之间的间距一般为硅通孔半径的六倍,在建模过程中可以忽略邻近效应的影响,认为硅通孔彼此之间存在弱耦合。通过 Δ-Y-Δ 转换,进一步简化图 7.8 给出的等效导纳模型,如图 7.9 所示。在模型中,信号-信号(signal-signal,SS)与信号-地(signal-ground,SG)硅通孔对之间的耦合导纳参数可通过下式得到[14]:

$$Y_m = G_m + j\omega C_m = \frac{Y_2^2}{2Y_2 + 2Y_1 + Y_1^2/Y_{Si}} \tag{7.15}$$

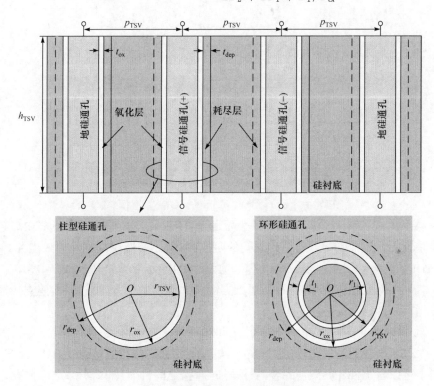

图 7.7 差分硅通孔的结构图

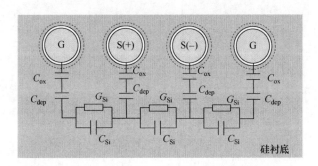

图 7.8 差分硅通孔的顶端示意图及等效导纳电路图

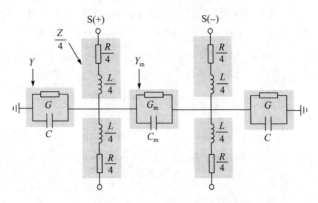

图 7.9　差分硅通孔的等效电路模型

$$Y = G + j\omega C_m = \frac{Y_2(2Y_1 + Y_1^2/Y_{Si})}{2Y_2 + 2Y_1 + Y_1^2/Y_{Si}} \tag{7.16}$$

其中

$$Y_1 = [Y_{Si}^{-1} + (j\omega C_{TSV})^{-1}]^{-1} \tag{7.17}$$

$$Y_2 = [(2Y_{Si} + Y_1)^{-1} + (j\omega C_{TSV})^{-1}]^{-1} \tag{7.18}$$

Y_{Si} 根据式(7.10)计算得到。一般而言,利用闭式公式提取频变阻抗在高频处的误差较大。为准确提取差分硅通孔的阻抗参数,此处应用部分元等效电路(partial-element equivalent circuit, PEEC)方法,对应的跨导矩阵见式(5.31)和式(5.32)。在得到相应电路参数后,可根据图 7.9 给出的等效电路模型,建立传输矩阵得到差分硅通孔的传输系数[12]。

图 7.10 给出了信号-信号硅通孔之间和信号-地硅通孔之间的耦合电导,其中 $r_{TSV} = 2.5\mu m$, $t_{ox} = 500nm$, $p_{TSV} = 15\mu m$, $h_{TSV} = 50\mu m$,硅衬底电导率 σ_{Si} 为 10S/m。从图中可以看出,MOS 效应对信号-信号硅通孔之间的导纳和信号-地硅通孔之间

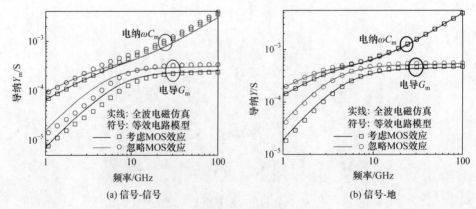

图 7.10　硅通孔之间的耦合导纳

的导纳有着相似的影响,忽略 MOS 效应将导致导纳被高估,引起明显的计算误差。图 7.11 给出了共模和差模阻抗随频率的变化曲线,可以看出 PEEC 方法和全波电磁仿真软件得到的结果吻合。共模电阻和差模电阻几乎相同,但共模电感比差模电感大很多,这主要是因为两种模式下的电流方向不同,差模下信号与信号硅通孔中的电流方向相反,而共模下两根信号硅通孔中的电流方向相同。因此,共模下信号与信号硅通孔之间的互感为正,差模下互感为负。

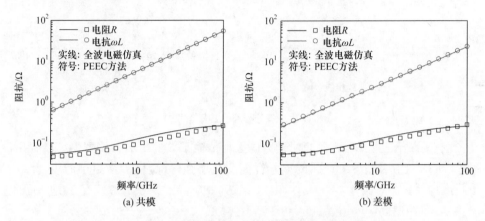

图 7.11　差分硅通孔的共模阻抗和差模阻抗

基于图 7.9 给出的等效电路模型,可得到差分硅通孔中共模和差模散射系数随频率的变化曲线,如图 7.12 所示。结果表明,图 7.9 给出的等效电路模型可以准确地预测差分硅通孔的电学性能,有效频率达 100GHz。从图 7.12(c) 中可以看到,共模传输系数在低频处小于差模传输系数,这是因为差模下等效电路模型比共模下的等效电路模型多了耦合导纳参数。当频率超过 35GHz 时,由于差模电感远小于共模电感(见图 7.11),差模传输性能开始优于共模传输性能。

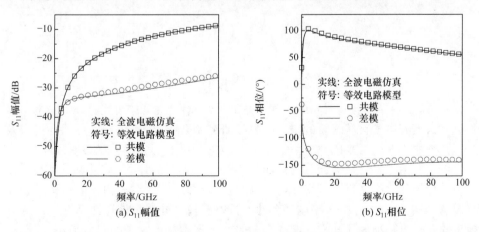

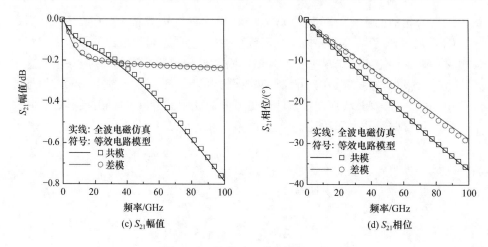

(c) S_{21}幅值　　　　　　　　(d) S_{21}相位

图 7.12　差分硅通孔的散射系数

图 7.13 给出了 MOS 效应对差分硅通孔传输系数的影响。从图中可以看出，考虑 MOS 效应后差分硅通孔的电学性能明显增强，这是因为耗尽层的出现减小了衬底损耗。频率为 100GHz 时，引入 MOS 效应导致共模和差模传输系数分别增大 0.024dB 和 0.04dB。

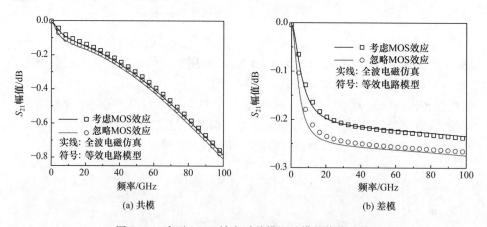

(a) 共模　　　　　　　　　　(b) 差模

图 7.13　有无 MOS 效应时共模和差模的传输系数

　　另外，由于导体与硅衬底的热膨胀系数不匹配，硅通孔中可能存在严重的可靠性问题。西安电子科技大学的朱樟明教授研究团队提出，应用环型硅通孔可有效降低热膨胀不匹配带来的热应力[15]，且环型硅通孔的工艺较为简单。

　　图 7.7 给出了环型硅通孔的截面图，其中 r_1 和 t_1 分别表示内层的硅通孔半径和氧化层厚度。由文献[16]得知，环型硅通孔内部硅衬底对硅通孔的传输性能几乎没有影响。因此，差分环型硅通孔的等效电路模型同样可使用图 7.9 给出的等效电路模型。环型硅通孔与柱型硅通孔的主要区别在于它们的阻抗大小，环型硅

通孔的阻抗明显大于柱型硅通孔的阻抗。图7.14给出了差分环型硅通孔和差分柱型硅通孔的共模和差模传输系数,其中$r_1 = r_{TSV}/2$, $t_1 = t_{ox}$,其余参数与差分柱型硅通孔参数相同。结果表明,差分柱型硅通孔与差分环型硅通孔在低频时的传输系数几乎重合,当频率超过20GHz后,差分环型硅通孔的传输损耗明显大于差分柱型硅通孔,这是因为差分环型硅通孔的电感比差分柱型硅通孔的电感大。当频率为100GHz时,环型硅通孔的差模传输系数比柱型硅通孔的差模传输系数小0.0225dB,而共模传输系数比差分柱型硅通孔的共模传输系数小0.483dB,这表明环型硅通孔更适于传输差分信号。

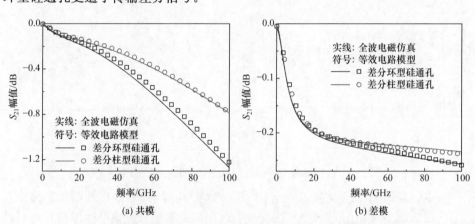

图7.14　差分柱型硅通孔和差分环型硅通孔的共模和差模传输系数

7.2.2　差分硅通孔的电学特性

基于图7.9给出的等效电路模型,差分硅通孔中奇模和偶模的传播常数和特性阻抗可分别表示为

$$\gamma_o = \frac{\sqrt{Z(Y+2Y_m)/2}}{h_{TSV}} \tag{7.19}$$

$$Z_o = \sqrt{\frac{Z}{2(Y+2Y_m)}} \tag{7.20}$$

$$\gamma_e = \frac{\sqrt{ZY/2}}{h_{TSV}} \tag{7.21}$$

$$Z_e = \sqrt{\frac{Z}{2Y}} \tag{7.22}$$

1. 温度效应

图7.15给出了不同温度下差分硅通孔中偶模和奇模传播常数随频率的变化

曲线。在低频处,差分硅通孔的性能主要受导体损耗影响。温度升高,导体损耗增加,传播常数增大。当频率大于数吉赫兹后,衬底损耗成为电学性能的决定性因素。一般情况下,硅衬底的电导率随温度升高而减小。因此,当频率大于 7GHz后,差分硅通孔的传播常数随着温度升高而减小。

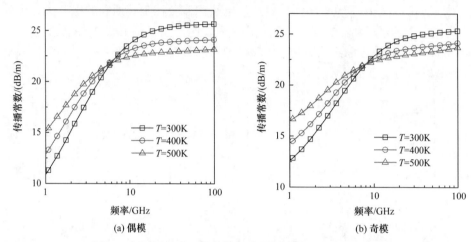

图 7.15　不同温度下差分硅通孔中偶模和奇模的传播常数

在实际应用中,通常更关心差分硅通孔的差模电学特性(如特性阻抗和传输系数等),图 7.16(a)给出了温度效应对差模特性阻抗的影响。差模特性阻抗是奇模特性阻抗(见式(7.20))的两倍,因此特性阻抗的实部随温度升高而增大。当频率较大时,不同温度下特性阻抗的实部将趋于同一常数。图 7.16(b)给出了温度效应对差模传输系数的影响,与传播常数的趋势类似,由于导体损耗增大,传输系数在低频处随温度升高而略微减小。当频率大于 7GHz后,传输系数随温度升高而明显增大。

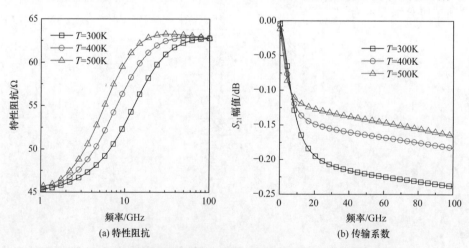

图 7.16　不同温度下差分硅通孔的差模特性阻抗和差模传输系数

2. 设计参数

本节主要介绍四种设计参数对差分硅通孔电学特性的影响，即硅通孔半径 r_{TSV}、氧化层厚度 t_{ox}、硅通孔间距 p_{TSV} 和硅衬底电导率 σ_{Si}。基于等效电路模型，我们得到不同硅通孔半径 r_{TSV} 下差分硅通孔中的差模特性阻抗和传输系数随频率的变化曲线，如图 7.17 所示。随着硅通孔半径的减小，差分硅通孔的阻抗参数增大，导纳减小，因此特性阻抗的实部不断增大。由于衬底损耗减小，差分硅通孔的电学性能随着硅通孔半径的减小而得到改善。

(a) 特性阻抗　(b) 传输系数

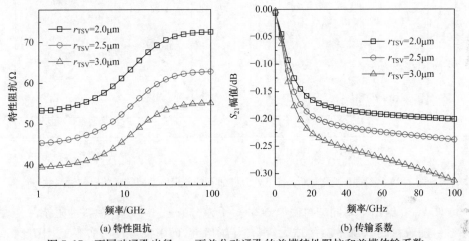

图 7.17　不同硅通孔半径 r_{TSV} 下差分硅通孔的差模特性阻抗和差模传输系数

图 7.18 给出了不同氧化层厚度 t_{ox} 下差分硅通孔的差模特性阻抗和传输系数。随着氧化层厚度的增加，衬底损耗减小，因此特性阻抗的实部和传输系数随之增大。

(a) 特性阻抗　(b) 传输系数

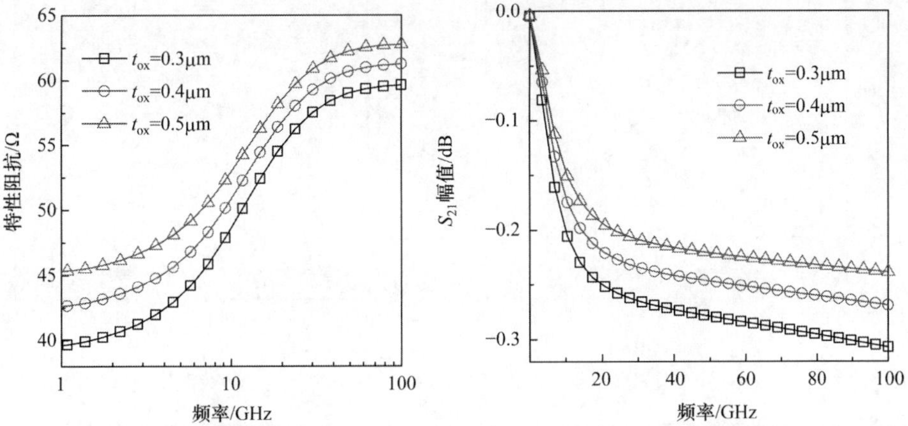

图 7.18　不同氧化层厚度 t_{ox} 下差分硅通孔的差模特性阻抗和差模传输系数

图 7.19 给出了不同硅通孔间距 p_{TSV} 下差分硅通孔的差模特性阻抗和传输系数。从图中可以看出,特性阻抗的实部随硅通孔对间距 p_{TSV} 的增大而增大,这是由耦合导纳的减小所引起的。当硅通孔间距 $p_{TSV}=65\mu m$ 时,特性阻抗的实部在高频处可达 100Ω。在低、中频处,差分硅通孔的传输系数几乎不受硅通孔间距 p_{TSV} 的影响;在高频处,差模传输系数随硅通孔间距 p_{TSV} 的增大而减小。

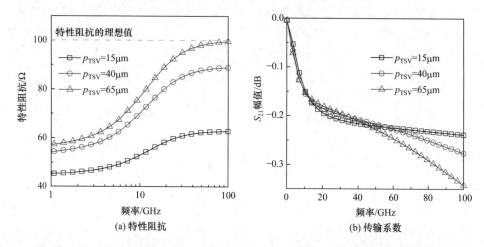

图 7.19　不同硅通孔间距 p_{TSV} 下差分硅通孔的差模特性阻抗和差模传输系数

图 7.20 给出了不同硅衬底电导率 σ_{Si} 下差分硅通孔中的差模特性阻抗和传输系数。随着衬底电导率 σ_{Si} 的增大,耦合导纳增大,而阻抗参数几乎不变。因此,差分硅通孔的差模特性阻抗的实部和传输系数都随着衬底电导率 σ_{Si} 的增大而减小。

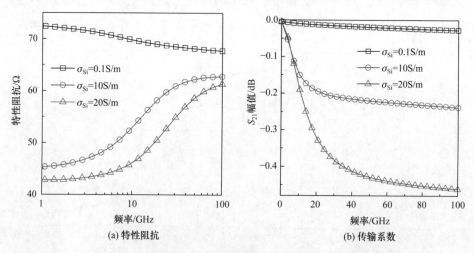

图 7.20　不同硅衬底电导率 σ_{Si} 下差分硅通孔的差模特性阻抗和差模传输系数

7.3 同轴硅通孔的特性分析

除了差分硅通孔,同轴硅通孔结构(图 7.21)也可用来解决串扰和衬底损耗等问题[17]。这种结构借鉴了同轴电缆的概念,具备自屏蔽功能,能够达到隔绝外界干扰的目的。另外,同轴硅通孔在射频段的性能优良,可通过改变填充介质来调节特性阻抗。

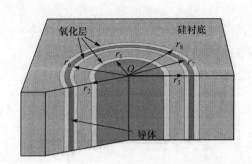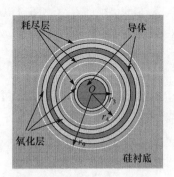

图 7.21　同轴硅通孔的结构示意图

7.3.1　同轴硅通孔的自屏蔽功能

为验证同轴硅通孔的自屏蔽功能,这里使用全波电磁仿真软件对同轴硅通孔进行仿真分析,改变环境及结构参数来观察传输信号的变化。选取不同的硅衬底,相应的衬底电导率分别为 6、19、50、100 和 5000S/m。仿真发现,外部硅衬底电导率的改变对同轴硅通孔的传输系数和反射系数没有任何影响,而内部填充的硅衬底电导率决定着信号的传输质量,如图 7.22 所示。一般来说,信号-地硅通孔对中

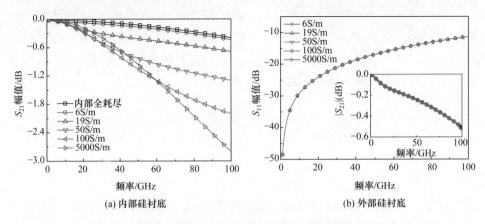

图 7.22　同轴硅通孔的散射系数受内部和外部硅衬底的影响

的信号主要在硅通孔之间的衬底中传输。类似地,同轴硅通孔中的信号主要在中间柱状导体与外部屏蔽层导体之间的衬底中传输,不受外部环境变化的影响。

图 7.23 中给出了结构参数对同轴硅通孔信号传输质量的影响,其中用于参考的同轴硅通孔半径从内到外分别为 1.5、4.5 和 7.5μm,氧化层厚度为 200nm,高度为 50μm,硅基底电导率为 10S/m。从图中可以看到,改变同轴硅通孔内部的结构参数(如半径和氧化层厚度等),同轴硅通孔的散射系数发生改变。但改变外部参数(如最外层的半径和氧化层厚度等)对同轴硅通孔的散射系数没有任何影响。可见,同轴硅通孔具有很好的自屏蔽功能,对外界电磁环境等的变化免疫,从而达到隔绝外界干扰(如串扰噪声等)的目的。因此,同轴硅通孔的电路建模中可以忽略外部影响,只需关注内部的信号传输路径。

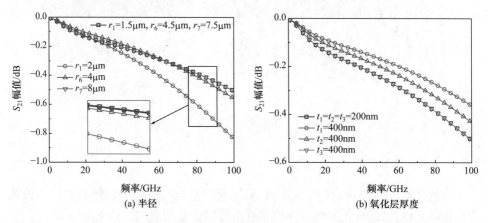

图 7.23　同轴硅通孔的散射系数受半径和氧化层厚度的影响

7.3.2　同轴硅通孔的等效电路模型

图 7.24 给出了同轴硅通孔的等效电路模型,进一步可以简化为传输线模型。在电路模型中,R_1 和 L_1 表示中间孔的电阻和电感,R_2 和 L_2 表示外部屏蔽层的电阻和电感,其中电感参数 L_1 和 L_2 已包含同轴硅通孔的自感和互感参数。内外导体间存在硅衬底的耦合电容 C_{Si} 和耦合电导 G_{Si}:

$$C_{Si} = \frac{2\pi\varepsilon_0\varepsilon_{Si}h_{TSV}}{\ln(r_4/r_3)} \tag{7.23}$$

$$G_{Si} = \frac{\sigma_{Si}C_{Si}}{\varepsilon_0\varepsilon_{Si}} \tag{7.24}$$

其中,硅衬底的电导率 σ_{Si} 为温变参数。

图 7.24 中,C_1、C_2 和 C_3 分别代表各层电容,它们均为各层氧化层电容和耗尽层电容的串联值。

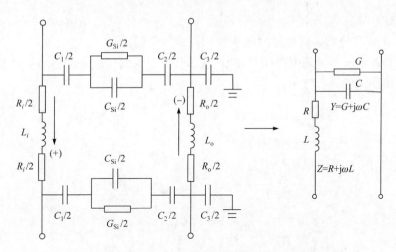

图 7.24　同轴硅通孔的等效电路模型及简化传输线模型

1. 同轴硅通孔的 MOS 电容

如图 7.2 所示,柱型硅通孔受 MOS 效应的影响,硅通孔电容值随着偏压而变化。同样,同轴硅通孔中也存在 MOS 效应。同轴硅通孔的结构共有三个 MOS 电容,均可通过求解柱坐标系下的泊松方程得到:

$$\frac{1}{r}\frac{\partial}{\partial r}\left(r\frac{\partial\psi}{\partial r}\right)=\frac{qN_{\mathrm{a}}}{\varepsilon_0\varepsilon_{\mathrm{Si}}} \tag{7.25}$$

边界条件为

$$\psi\big|_{r=r_i}=0,\quad i=3,4,9 \tag{7.26}$$

$$\frac{\partial\psi}{\partial r}\bigg|_{r=r_i}=0,\quad i=3,4,9 \tag{7.27}$$

求解式(7.25),可以得到各个氧化硅-硅衬底界面的电势分别为[18]

$$\psi_{\mathrm{s}}^{(1)}=\frac{qN_{\mathrm{a}}}{2\varepsilon_0\varepsilon_{\mathrm{Si}}}\left(\frac{r_2^2-r_3^2}{2}-r_3^2\ln\frac{r_2}{r_3}\right) \tag{7.28}$$

$$\psi_{\mathrm{s}}^{(2)}=\frac{qN_{\mathrm{a}}}{2\varepsilon_0\varepsilon_{\mathrm{Si}}}\left(\frac{r_5^2-r_4^2}{2}-r_4^2\ln\frac{r_5}{r_4}\right) \tag{7.29}$$

$$\psi_{\mathrm{s}}^{(3)}=\frac{qN_{\mathrm{a}}}{2\varepsilon_0\varepsilon_{\mathrm{Si}}}\left(\frac{r_8^2-r_9^2}{2}-r_9^2\ln\frac{r_8}{r_9}\right) \tag{7.30}$$

如前所述,MOS 效应可分为三个区域:积累区($V\leqslant V_{\mathrm{fb}}$)、耗尽区($V_{\mathrm{fb}}<V<V_{\mathrm{th}}$)和反型区($V\geqslant V_{\mathrm{th}}$),其中平带电压 V_{fb} 可表示为

$$V_{\mathrm{fb}}=\phi_{\mathrm{ms}}=(\phi_{\mathrm{m}}-\chi_i)-\left(\chi-\chi_i+\frac{E_{\mathrm{g}}}{2q}+\frac{k_{\mathrm{B}}T}{q}\ln\frac{N_{\mathrm{a}}}{n_{\mathrm{i}}}\right) \tag{7.31}$$

其中，ϕ_{ms} 为导体与硅衬底间的功函数差；ϕ_{m} 为导体的功函数；$\chi(=4.05\text{V})$ 和 $E_{\text{g}}(=1.12\text{eV})$ 分别为硅衬底的电子亲和势和禁带宽度。

当偏置电压超过阈值电压时，同轴硅通孔各层的耗尽层厚度达到最大值，此时的阈值条件为

$$\psi_{\text{s}}=2\frac{k_{\text{B}}T}{q}\ln\frac{N_{\text{a}}}{n_{\text{i}}} \tag{7.32}$$

其中，n_{i} 为硅衬底的本征载流子浓度。

各层对应的阈值电压分别为

$$V_{\text{th}}^{(1)}=V_{\text{fb}}+2\frac{kT}{q}\ln\frac{N_{\text{a}}}{n_{\text{i}}}+\frac{qN_{\text{a}}\pi h_{\text{TSV}}(r_{3\text{max}}^2-r_2^2)}{C_{\text{ox}}^{(1)}} \tag{7.33}$$

$$V_{\text{th}}^{(2)}=V_{\text{fb}}+2\frac{kT}{q}\ln\frac{N_{\text{a}}}{n_{\text{i}}}+\frac{qN_{\text{a}}\pi h_{\text{TSV}}(r_5^2-r_{4\text{min}}^2)}{C_{\text{ox}}^{(2)}} \tag{7.34}$$

$$V_{\text{th}}^{(3)}=V_{\text{fb}}+2\frac{kT}{q}\ln\frac{N_{\text{a}}}{n_{\text{i}}}+\frac{qN_{\text{a}}\pi h_{\text{TSV}}(r_{9\text{max}}^2-r_8^2)}{C_{\text{ox}}^{(3)}} \tag{7.35}$$

当偏置电压小于平带电压时，同轴硅通孔各层的电容值为相应的氧化层电容：

$$C_{\text{ox}}^{(1)}=\frac{2\pi\varepsilon_0\varepsilon_{\text{ox}}h_{\text{TSV}}}{\ln(r_2/r_1)} \tag{7.36}$$

$$C_{\text{ox}}^{(2)}=\frac{2\pi\varepsilon_0\varepsilon_{\text{ox}}h_{\text{TSV}}}{\ln(r_6/r_5)} \tag{7.37}$$

$$C_{\text{ox}}^{(3)}=\frac{2\pi\varepsilon_0\varepsilon_{\text{ox}}h_{\text{TSV}}}{\ln(r_8/r_7)} \tag{7.38}$$

偏置电压大于平带电压后，耗尽区出现，从而引入各层的耗尽层电容分别为

$$C_{\text{dep}}^{(1)}=\frac{2\pi\varepsilon_0\varepsilon_{\text{Si}}h_{\text{TSV}}}{\ln(r_3/r_2)} \tag{7.39}$$

$$C_{\text{dep}}^{(2)}=\frac{2\pi\varepsilon_0\varepsilon_{\text{Si}}h_{\text{TSV}}}{\ln(r_5/r_4)} \tag{7.40}$$

$$C_{\text{dep}}^{(3)}=\frac{2\pi\varepsilon_0\varepsilon_{\text{Si}}h_{\text{TSV}}}{\ln(r_9/r_8)} \tag{7.41}$$

各层的耗尽层半径通过式(7.42)～式(7.44)得到

$$V=V_{\text{fb}}+\psi_{\text{s}}^{(1)}+\frac{qN_{\text{a}}\pi h_{\text{TSV}}(r_3^2-r_2^2)}{C_{\text{ox}}^{(1)}} \tag{7.42}$$

$$V=V_{\text{fb}}+\psi_{\text{s}}^{(2)}+\frac{qN_{\text{a}}\pi h_{\text{TSV}}(r_5^2-r_4^2)}{C_{\text{ox}}^{(2)}} \tag{7.43}$$

$$V=V_{\text{fb}}+\psi_{\text{s}}^{(3)}+\frac{qN_{\text{a}}\pi h_{\text{TSV}}(r_9^2-r_8^2)}{C_{\text{ox}}^{(3)}} \tag{7.44}$$

同轴硅通孔结构具备自屏蔽功能，可忽略外层环境的影响，因此最外层的

MOS 电容可以忽略。图 7.25 给出了同轴硅通孔中第二层 MOS 电容随偏置电压的变化曲线,可以看到受界面电荷影响,在工作电压范围内一般认为电容处于最小值。随着环境温度升高,同轴硅通孔的电容增大。同轴硅通孔的电容也受到内部硅衬底电阻率的影响,随着电阻率的增大而明显减小,如图 7.26 所示。

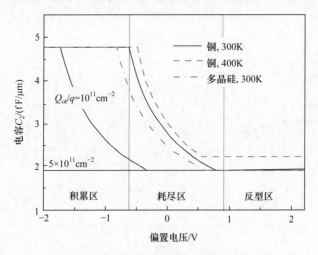

图 7.25 同轴硅通孔的电容 C_2

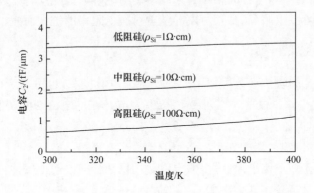

图 7.26 同轴硅通孔的电容随温度和衬底电阻率的变化

2. 同轴硅通孔的导纳

已知同轴硅通孔电层的电容、内外导体间的耦合电容和耦合电导,可以得到简化后传输线模型的导纳为

$$Y = G + j\omega C = \frac{1}{h_{\text{TSV}}}\left(\frac{1}{j\omega C_1} + \frac{1}{G_{\text{Si}} + j\omega C_{\text{Si}}} + \frac{1}{j\omega C_2}\right)^{-1} \quad (7.45)$$

图 7.27 给出了同轴硅通孔的导纳参数,电容和电导随着频率的升高分别增大

和减小。当频率升至 100GHz 时，它们均趋于稳定值：

$$C \approx \frac{C_{Si}C_1C_2}{C_{Si}(C_1+C_2)+C_1C_2} \tag{7.46}$$

$$G \approx G_{Si}\left(\frac{C_1C_2}{C_{Si}(C_1+C_2)+C_1C_2}\right)^2 \tag{7.47}$$

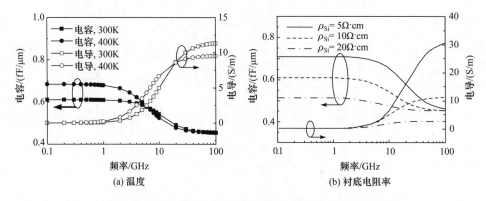

图 7.27　同轴硅通孔的导纳随温度和衬底电阻率的变化

相对低频下，同轴硅通孔中的电容随硅衬底电阻率的增加而减小，但随着频率的升高，衬底电阻率对电容的影响越来越小。与电容参数相反，低频时衬底电阻率对电导的影响可以忽略，而高频时电导随着衬底电阻率的增大而减小。

3. 同轴硅通孔的阻抗

同轴硅通孔的阻抗参数可使用 PEEC 方法数值提取，也可基于电磁场理论推导得到解析公式[19]。根据麦克斯韦方程组，良导体中的电流密度 $\boldsymbol{J}$ 满足[20]

$$\nabla^2\boldsymbol{J} = j\omega\mu\sigma\boldsymbol{J} \tag{7.48}$$

其中，σ 为硅通孔电导率。

由于硅通孔高宽比较大，可以假设电磁场仅在径向方向上变化，而电流只有高度方向上的分量 $J_z(r)$，式(7.48)可以写为

$$\frac{1}{r}\frac{\partial}{\partial r}\left(r\frac{\partial J_z(r)}{\partial r}\right) = j\omega\mu\sigma J_z(r) \tag{7.49}$$

进一步简化式(7.49)得到

$$\frac{\partial^2 J_z(r)}{\partial r^2} + \frac{1}{r}\frac{\partial J_z(r)}{\partial r} + T^2 J_z(r) = 0 \tag{7.50}$$

其中，$T = \sqrt{-j\omega\mu\sigma}$。

由于 $J_z(0)$ 为有限值，

$$J_z^{in}(r) = c_1 J_0(Tr), \quad 0 \leqslant r \leqslant r_1 \tag{7.51}$$

$$J_z^{out}(r) = c_2 H_0^{(1)}(Tr) + c_3 H_0^{(2)}(Tr), \quad r_6 \leqslant r \leqslant r_7 \tag{7.52}$$

其中，$H_0^{(1)}(\cdot)$ 为零阶第一类汉克尔函数。

假设内部导体的电流为 I，可以得到如下边界条件：

$$\int_0^{r_1} J_z^{in}(r) 2\pi r \mathrm{d}r = I \tag{7.53}$$

$$\int_{r_6}^{r_7} J_z^{out}(r) 2\pi r \mathrm{d}r = -I \tag{7.54}$$

$$\left. \frac{\partial J_z^{out}(r)}{\partial r} \right|_{r=r_7} = 0 \tag{7.55}$$

通过式(7.51)~式(7.55)得到

$$c_1 = \frac{TI}{2\pi r_1 J_1(Tr_1)} \tag{7.56}$$

$$c_2 = \frac{-TIH_1^{(2)}(Tr_7)}{2\pi r_6 (H_1^{(1)}(Tr_7) H_1^{(2)}(Tr_6) - H_1^{(1)}(Tr_6) H_1^{(2)}(Tr_7))} \tag{7.57}$$

$$c_3 = \frac{-TIH_1^{(1)}(Tr_7)}{2\pi r_6 (H_1^{(1)}(Tr_6) H_1^{(2)}(Tr_7) - H_1^{(1)}(Tr_7) H_1^{(2)}(Tr_6))} \tag{7.58}$$

其中，$J_1(\cdot)$ 为一阶第一类贝塞尔函数；$H_1^{(1)}(\cdot)$ 和 $H_1^{(2)}(\cdot)$ 分别为一阶第一类和第二类汉克尔函数。

同轴硅通孔单位长度的导体阻抗为

$$Z_{cond} = \frac{T}{2\pi\sigma} \left[\frac{1}{r_1} \cdot \frac{J_0(Tr_1)}{J_1(Tr_1)} + \frac{1}{r_6} \cdot \frac{H_0^{(1)}(Tr_6) H_1^{(2)}(Tr_7) - H_1^{(1)}(Tr_7) H_0^{(2)}(Tr_6)}{H_1^{(1)}(Tr_7) H_1^{(2)}(Tr_6) - H_1^{(1)}(Tr_6) H_1^{(2)}(Tr_7)} \right] \tag{7.59}$$

由于硅衬底为半导体，在阻抗参数的计算中应当考虑涡流损耗的影响。一般情况下涡流可用磁矢势计算，磁矢势满足[21]

$$\nabla^2 \boldsymbol{A} = \mathrm{j}\omega\mu(\sigma_{Si} + \mathrm{j}\omega\mu\varepsilon_0\varepsilon_{Si})\boldsymbol{A} \tag{7.60}$$

假设磁矢势仅具有高度方向的分量，并在径向方向上变化，式(7.60)可简化为

$$\frac{\partial^2 A_z(r)}{\partial r^2} + \frac{1}{r}\frac{\partial A_z(r)}{\partial r} + T_{Si}^2 A_z(r) = 0 \tag{7.61}$$

其通解为

$$A_z^{Si}(r) = c_4 H_0^{(1)}(T_{Si}r) + c_5 H_0^{(2)}(T_{Si}r), \quad r_3 \leqslant r \leqslant r_4 \tag{7.62}$$

根据安培定律，可以推导得到氧化层和耗尽层中的磁矢势为

$$A_z^{iso}(r) = -\frac{\mu I}{2\pi}\ln r + c_6, \quad r_1 \leqslant r \leqslant r_3 ; r_4 \leqslant r \leqslant r_6 \tag{7.63}$$

边界条件为

$$A_z^{iso}(r)\big|_{r=r_3} = A_z^{Si}(r)\big|_{r=r_3} \tag{7.64}$$

$$\left.\frac{\partial A_z^{\text{iso}}(r)}{\partial r}\right|_{r=r_3} = \left.\frac{\partial A_z^{\text{Si}}(r)}{\partial r}\right|_{r=r_3} \tag{7.65}$$

$$A_z^{\text{iso}}(r)\big|_{r=r_4} = A_z^{\text{Si}}(r)\big|_{r=r_4} \tag{7.66}$$

$$\left.\frac{\partial A_z^{\text{iso}}(r)}{\partial r}\right|_{r=r_4} = \left.\frac{\partial A_z^{\text{Si}}(r)}{\partial r}\right|_{r=r_4} \tag{7.67}$$

根据式(7.62)~式(7.67)得到

$$c_4 = \frac{\mu I}{2\pi T_{\text{Si}}} \cdot \frac{H_1^{(2)}(T_{\text{Si}}r_4)/r_3 - H_1^{(2)}(T_{\text{Si}}r_3)/r_4}{H_1^{(1)}(T_{\text{Si}}r_3)H_1^{(2)}(T_{\text{Si}}r_4) - H_1^{(1)}(T_{\text{Si}}r_4)H_1^{(2)}(T_{\text{Si}}r_4)} \tag{7.68}$$

$$c_5 = \frac{\mu I}{2\pi T_{\text{Si}}} \cdot \frac{H_1^{(1)}(T_{\text{Si}}r_3)/r_4 - H_1^{(1)}(T_{\text{Si}}r_4)/r_3}{H_1^{(1)}(T_{\text{Si}}r_3)H_1^{(2)}(T_{\text{Si}}r_4) - H_1^{(1)}(T_{\text{Si}}r_4)H_1^{(2)}(T_{\text{Si}}r_4)} \tag{7.69}$$

硅衬底中的电流密度为

$$J_z^{\text{Si}}(r) = -j\omega\mu(\sigma_{\text{Si}} + j\omega\mu\varepsilon_0\varepsilon_{\text{Si}})A_z^{\text{Si}}(r), \quad r_3 \leqslant r \leqslant r_4 \tag{7.70}$$

此时,可以得到涡流耗损对应的单位长度阻抗为

$$Z_{\text{Si}} = \frac{J_z^{\text{Si}}(r_4) - J_z^{\text{Si}}(r_3)}{(\sigma_{\text{Si}} + j\omega\mu\varepsilon_0\varepsilon_{\text{Si}})I} \tag{7.71}$$

因此,同轴硅通孔的总阻抗为

$$Z = Z_{\text{cond}} + Z_{\text{Si}} + j\omega L_{\text{iso}} \tag{7.72}$$

其中

$$L_{\text{iso}} = \frac{\mu}{2\pi}\left(\ln\frac{r_3}{r_1} + \ln\frac{r_6}{r_4}\right) \tag{7.73}$$

7.3.3　模型验证与分析

为验证电路模型和参数提取方法,表7.2给出了三种同轴硅通孔的结构参数,分别代表晶圆级、芯片级和中介层级的同轴硅通孔。根据简化传输线模型,可以得到同轴硅通孔的散射系数为[22]

$$S = \frac{1}{A+B/Z+CZ+D} \cdot \begin{bmatrix} A+B/Z-CZ-D & AD-BC \\ 2 & -A+B/Z-CZ+D \end{bmatrix} \tag{7.74}$$

其中,$Z = 50\,\Omega$;传输矩阵为

$$T = \begin{bmatrix} \cosh(\gamma h_{\text{TSV}}) & Z_0\sinh(\gamma h_{\text{TSV}}) \\ \sinh(\gamma h_{\text{TSV}})/Z_0 & \cosh(\gamma h_{\text{TSV}}) \end{bmatrix} \tag{7.75}$$

硅通孔的特性阻抗和传播常数分别为

$$Z_0 = \sqrt{\frac{Z}{Y}} = \sqrt{\frac{R+j\omega L}{G+j\omega C}} \tag{7.76}$$

$$\gamma = \sqrt{ZY} = \sqrt{(R+j\omega L)(G+j\omega C)} \tag{7.77}$$

表 7.2　同轴硅通孔的结构参数　　　　　　（单位：μm）

类型	r_1	r_6	r_7	t_{ox}	h_{TSV}
同轴硅通孔 A	1	3	4	0.1	24
同轴硅通孔 B	1.5	5.5	7	0.2	60
同轴硅通孔 C	2	32	34	0.2	300

图 7.28～图 7.30 给出了这三种同轴硅通孔的散射系数。从图中可以看到，应用等效电路模型和全波电磁仿真得到的散射参数相吻合。图 7.31 给出了内部不同衬底和耗尽条件下同轴硅通孔的传输系数，其中实线为全波电磁仿真结果，符号是利用等效电路模型得到的结果。当填充衬底为低损耗、低介电常数的苯并环丁烯(BCB)材料时，同轴硅通孔的传输性能最好，但 BCB 材料的热导率较低，可能会带来热管理和热应力等问题。当内部为硅衬底时，衬底电阻率增大至 $30\Omega\cdot$cm，内部两个耗尽层重叠，内部硅衬底达到全耗尽状态，此时同轴硅通孔的损耗得到有效抑制。

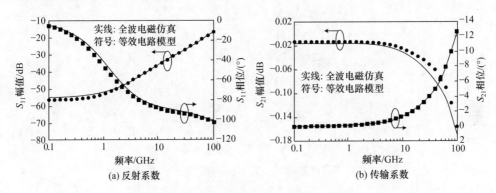

图 7.28　同轴硅通孔 A 的散射系数

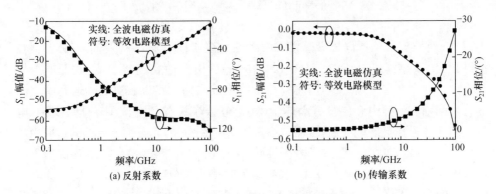

图 7.29　同轴硅通孔 B 的散射系数

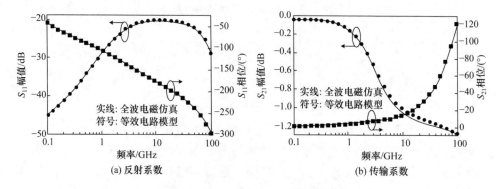

(a) 反射系数　　　　　　　　　　　　　　(b) 传输系数

图 7.30　同轴硅通孔 C 的散射系数

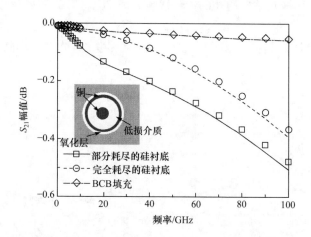

图 7.31　不同衬底和耗尽条件下同轴硅通孔的传输系数

7.4　浮硅衬底中硅通孔的特性分析

2.5 维集成电路不仅是三维集成技术的过渡阶段,也是一种非常有必要存在的制程。2.5 维集成电路中引入一层硅中介层,由硅通孔连接上、下表面的金属层。由于硅中介层为被动硅片,不存在三维集成电路中难以解决的硅通孔应力和热管理问题。但硅中介层没有晶体管,处于电悬浮状态[23,24]。在浮硅衬底中,电场从信号硅通孔指向地硅通孔,而非终止于硅衬底中,因此必须考虑浮硅衬底中硅通孔的 MOS 电容效应。在德国学者 Ndip 博士等和韩国科学技术院的 Kim 博士等针对中介层硅通孔的建模工作中,都忽略了硅通孔 MOS 效应的影响,这可能会导致严重的误差[17,25]。北京大学的方儒牛博士等针对中介层硅通孔,充分考虑浮硅衬底对表面电势、氧化层压降等参数的影响,精确计算得到中介层硅通孔电容[23]。

在此基础上,本节将系统地介绍浮硅衬底中硅通孔的瞬态响应特性。

7.4.1 浮硅衬底中硅通孔的等效电路模型

图 7.32 给出了 P 型浮硅衬底中信号-地硅通孔对和信号-地-信号硅通孔阵列的结构示意图,其中 V_1、V_2 和 V_3 表示硅通孔上的偏置电压。硅通孔的半径为 $10\mu m$,高度为 $100\mu m$,氧化层厚度为 $100nm$,硅通孔间距为 $100\mu m$,衬底掺杂浓度为 $1.25\times10^{15}\,cm^{-3}$(即硅衬底电导率为 $10S/m$)。文献[23]已详细介绍了浮硅衬底中硅通孔对的 MOS 电容效应,此处主要介绍信号-地-信号硅通孔阵列的 MOS 电容模型和衬底导纳模型,以及硅通孔阵列的瞬态响应特性。

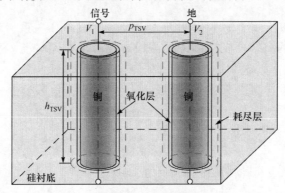

(a)信号-地硅通孔对

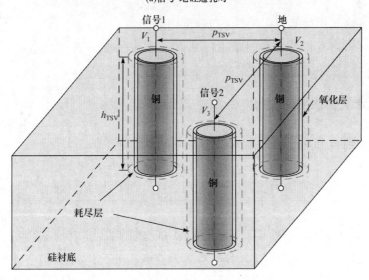

(b) 信号-地-信号硅通孔阵列

图 7.32 浮硅衬底中硅通孔的结构图

1. MOS 电容

硅通孔表面电势 ψ_{s0} 与氧化层压降 V_{ox0} 初始值的关系可表示为[23]

$$\psi_{s0} = -(\phi_{ms} + V_{ox0}) \tag{7.78}$$

硅通孔上的偏置电压如图 7.32(b)所示,电压关系分别为

$$V_1 - V_{sub} = V_{ox1} + \psi_{s1} + \phi_{ms} \tag{7.79}$$

$$V_3 - V_{sub} = V_{ox3} + \psi_{s3} + \phi_{ms} \tag{7.80}$$

$$V_2 - V_{sub} = V_{ox2} + \psi_{s2} + \phi_{ms} \tag{7.81}$$

其中,V_{sub} 为零电场时的电压;V_{oxi} 和 $\psi_{si}(i=1,2,3)$ 分别为第 i 个硅通孔上的氧化层电压和表面电势。

通过式(7.79)~式(7.81)消除 V_{sub},可以得到总电压关系。对于给定的表面电势 ψ_s,通过求解一维柱坐标系下的泊松方程可以得到电场、表面电势和 MOS 电容。

根据文献[26]的推导结果,电场与表面电势的关系定义为

$$\xi_s = F(\psi_s, r) \tag{7.82}$$

硅通孔周围的表面电荷为

$$Q_s = 2\pi r_{ox} h_{TSV} \varepsilon_0 \varepsilon_{Si} \xi_s \tag{7.83}$$

由电压-电容关系可将耗尽层电容表示为

$$C_{dep} = \frac{dQ_s}{d\psi_s} \tag{7.84}$$

硅通孔电容为氧化层电容和耗尽层电容的串联值。

氧化层电压为

$$V_{ox} = \frac{Q_m}{C_{ox}} \tag{7.85}$$

其中,Q_m 为硅通孔周围的电荷。

若构造一个包含金属表面、氧化层和硅衬底的高斯盒子,盒外的电场和盒内的净电荷都应当为零[23]

$$Q_m + Q_{ox} = -Q_s \tag{7.86}$$

信号硅通孔中电荷的增加量与地硅通孔中电荷的增加量大小相等,符号相反。因此

$$C_{ox}(V_{ox1} - V_{ox0}) + C_{ox}(V_{ox3} - V_{ox0}) = -C_{ox}(V_{ox2} - V_{ox0}) \tag{7.87}$$

通过式(7.87)可以得到 MOS 电容随偏置电压的变化曲线,详细的求解流程如图 7.33 所示。图 7.34 给出了信号-地硅通孔对在低频(小于 10MHz)和高频(大于 10MHz)下单根电容和总电容随电压的变化曲线,其中氧化层电荷为零。从图中可以看到,偏置电压从 -10V 增至 10V,MOS 电容相应地从积累区过渡到耗

尽区,最终达到反型区。

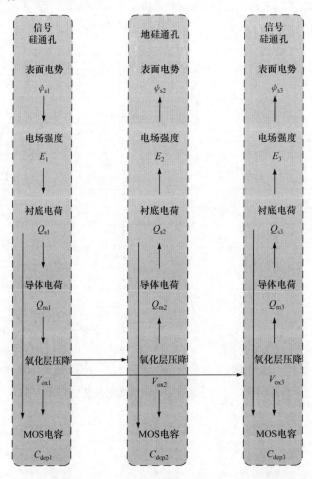

图 7.33　浮硅衬底中信号-地-信号硅通孔阵列的 MOS 电容计算流程

反型区电容在不同频率下有明显区别,如图 7.34(a)和(b)所示。这是因为高频状态下电子的移动速度过快,耗尽层宽度始终保持最大值,而低频状态下耗尽层将随着电压的变化而变化。在低频下,随着偏置电压的增大,硅通孔电容先减小,而后增大,最终保持在氧化层电容值。而在高频下,当偏置电压达到阈值电压时,硅通孔电容达到最小值。如图 7.34(c)和(d)所示,信号硅通孔与地硅通孔上的电容关于 $x=0$ 轴对称,因此总的硅通孔电容也关于 $x=0$ 轴对称;温度的变化仅对耗尽区和反型区电容有较大影响,此时硅通孔电容随温度的升高而增大。

图 7.35 给出了信号-地-信号硅通孔阵列在低频和高频时的硅通孔电容。与信号-地硅通孔对相比,由于受到另一根信号硅通孔的影响,信号-地-信号硅通孔阵列中的阈值电压略微增大。

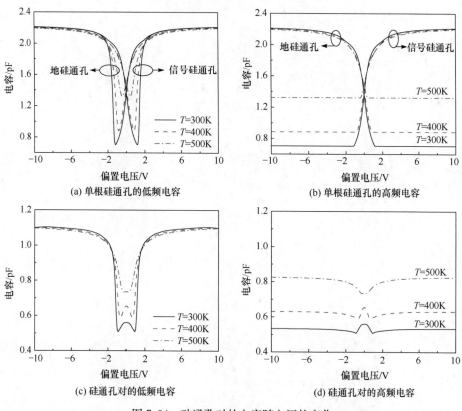

图 7.34　硅通孔对的电容随电压的变化

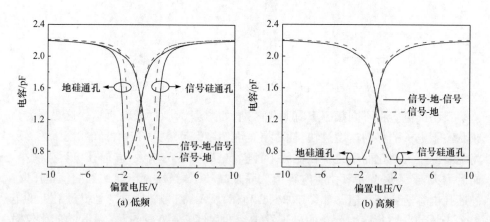

图 7.35　信号-地-信号硅通孔阵列中的硅通孔电容

2. 硅衬底导纳

传统对称的硅通孔对之间的衬底导纳可用式(7.8)进行计算,但在浮硅衬底中,信号与地硅通孔上的耗尽层厚度不同,两者均随偏置电压的变化而变化。因此,在浮硅衬底中必须考虑不对称硅通孔之间的耦合电容[27]

$$C_{\mathrm{Si}}=\frac{2\pi\varepsilon_0\varepsilon_{\mathrm{Si}}h_{\mathrm{TSV}}}{\ln\left[\dfrac{p_{\mathrm{TSV}}^2-r_{\mathrm{dep1}}^2-r_{\mathrm{dep2}}^2}{2r_{\mathrm{dep1}}r_{\mathrm{dep2}}}+\sqrt{\left(\dfrac{p_{\mathrm{TSV}}^2-r_{\mathrm{dep1}}^2-r_{\mathrm{dep2}}^2}{2r_{\mathrm{dep1}}r_{\mathrm{dep2}}}\right)^2-1}\right]} \tag{7.88}$$

其中,$r_{\mathrm{dep1}}(=r_{\mathrm{TSV}}+t_{\mathrm{ox}}+t_{\mathrm{dep1}})$ 和 $r_{\mathrm{dep2}}(=r_{\mathrm{TSV}}+t_{\mathrm{ox}}+t_{\mathrm{dep2}})$ 分别为信号和地硅通孔上的耗尽层半径。当 $r_{\mathrm{dep1}}=r_{\mathrm{dep2}}$ 时,式(7.88)可简化为式(7.8),也就是双导体传输线耦合电容的计算公式。

硅衬底电导 G_{Si} 可根据式(7.9)进行计算。在信号-地-信号硅通孔阵列中,邻近硅通孔之间的电场分布会受到其他硅通孔的干扰[8]。图 7.36 给出了信号-地-信号硅通孔阵列的等效导纳模型,其中衬底耦合导纳表示为

$$Y_{\mathrm{Si}}(\sqrt{2}\,p_{\mathrm{TSV}})=Y_1+\frac{Y_2}{2} \tag{7.89}$$

$$Y_{\mathrm{Si}}(p_{\mathrm{TSV}})=Y_2+\left(\frac{1}{Y_1}+\frac{1}{Y_2}\right)^{-1} \tag{7.90}$$

而 $Y_{\mathrm{Si}}=G_{\mathrm{Si}}+\mathrm{j}\omega C_{\mathrm{Si}}$,因此

$$Y_1=\frac{Y_{\mathrm{Si}}(\sqrt{2}\,p_{\mathrm{TSV}})\left[2Y_{\mathrm{Si}}(\sqrt{2}\,p_{\mathrm{TSV}})-Y_{\mathrm{Si}}(p_{\mathrm{TSV}})\right]}{2Y(\sqrt{2}\,p_{\mathrm{TSV}})-Y(p_{\mathrm{TSV}})/2} \tag{7.91}$$

$$Y_2=\frac{Y_{\mathrm{Si}}(p_{\mathrm{TSV}})Y_{\mathrm{Si}}(\sqrt{2}\,p_{\mathrm{TSV}})}{2Y(\sqrt{2}\,p_{\mathrm{TSV}})-Y(p_{\mathrm{TSV}})/2} \tag{7.92}$$

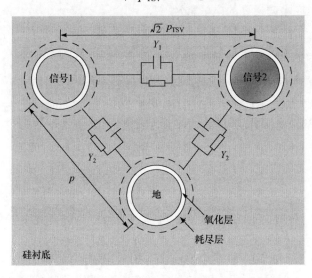

图 7.36　信号-地-信号硅通孔阵列中的衬底导纳

图 7.37 给出了不同温度下硅通孔对之间的衬底电容随偏置电压的变化曲线。考虑到信号与地硅通孔的耗尽层厚度不同,且耗尽层厚度、衬底电容随着偏置电压的变化而变化。图 7.37 中间部分的电容值不受频率影响,即图 7.34(a)和(c)所对应的耗尽层电容区域。如图 7.37(a)所示,当 MOS 电容进入反型区时,耗尽层厚度随偏置电压的增大而减小,衬底电容也随之减小。特别地,在低频下偏置电压达到 2V 时,硅通孔电容趋于氧化层电容,因此衬底电容在偏置电压大于 2V 时趋于稳定值,不再受电压和温度的影响。但在耗尽区,衬底电容仍随着温度的升高而明显减小。而在高频下,衬底电容随温度的升高而减小,如图 7.34(b)所示。

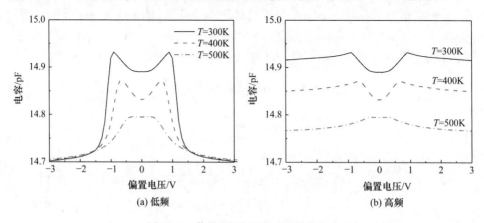

图 7.37　信号-地硅通孔对的衬底电容

7.4.2　浮硅衬底中硅通孔的电学特性

1. 硅通孔对瞬态分析

图 7.38(a)给出了信号-地硅通孔的等效电路模型,其中 V_s 为 2GHz 频率的时钟信号电压源,电压幅度为 $-2\sim 2$V,上升时间和下降时间均为 50ps,周期为 500ps,输入和输出电阻均设为 50Ω。在电路模型中,非线性电容 C_{dep} 通过求解下式得到:

$$I_1(t) = C_{dep}(V_{TSV}(t))\frac{dV_1(t)}{dt} \tag{7.93}$$

其中, $I_1(t)$ 和 $V_1(t)$ 是 C_{dep} 上的电流和电压; $V_{TSV}(t)$ 为硅通孔上控制 C_{dep} 的偏置电压。

利用 Keysight 公司的电路仿真软件 ADS 中的 SDD 模块,对非线性电容进行仿真[28,29],如图 7.38(b)所示。SDD 是一个多端口模块,可定义多个端口的电流-电压关系。 $\tilde{V}_i(t)$ 为第 i 个端口的电压,端口 2 上的电压为 C_{TSV}(即 $\tilde{V}_2(t) = C_{TSV}$),

端口 1 用来连接电路中的非线性电容,端口 3 为辅助电压:

$$-\widetilde{V}_3(t)+\frac{\mathrm{d}\widetilde{V}_1(t)}{\mathrm{d}t}=0 \tag{7.94}$$

图 7.38(a) 中,V_{left} 和 V_{right} 分别为信号和地硅通孔与非线性电容之间的电压参数;V_{out} 为输出电阻上的电压参数;I_{dep1} 和 I_{dep2} 分别为信号和地硅通孔耗尽层电容上的电流参数。

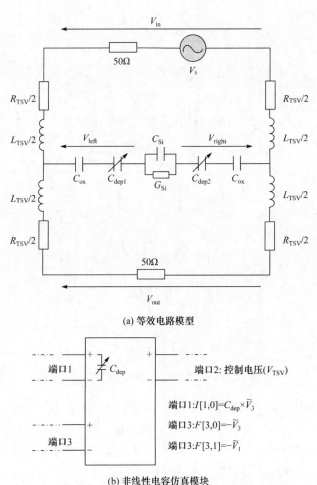

(a) 等效电路模型

(b) 非线性电容仿真模块

图 7.38　硅通孔对的等效电路模型和非线性电容仿真模块

图 7.39 给出了 V_{left}、V_{right} 和 V_{out} 随时间的变化曲线,进一步发现信号和地硅通孔耗尽层电容上的电流是相同的,如图 7.40 所示。

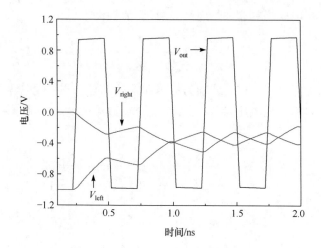

图 7.39　V_{left}、V_{right} 和 V_{out} 随时间的变化

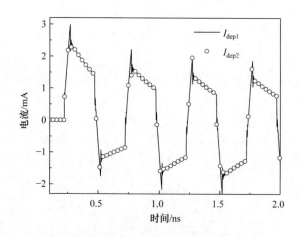

图 7.40　I_{dep1} 和 I_{dep2} 随时间的变化

图 7.41 给出了最大耗尽层($C_{TSV} = C_{TSV\,min}$)、无耗尽层($C_{TSV} = C_{ox}$)和耗尽层厚度随偏置电压变化($C_{TSV} = C_{TSV}(V_{TSV})$)的输出电压曲线。可以发现,忽略耗尽层会导致输出电压被低估,而简单地将耗尽层取为最大值又会导致输出电压被高估。在实际工艺中,硅通孔电容会受到氧化层电荷的影响。

图 7.42 给出了不同氧化层电荷密度下硅通孔对的输出电压。可以看到,随着氧化层固定电荷密度绝对值的增加,输出电压逐渐接近于最大耗尽层和无耗尽层时的输出电压,这是因为氧化层电荷的变化会改变阈值电压(即图 7.34(b)中的电容-电压曲线发生平移,从而在工作电压范围内令硅通孔电容 C_{TSV} 保持在最小值 $C_{TSV\,min}$ 或最大值 C_{ox})。

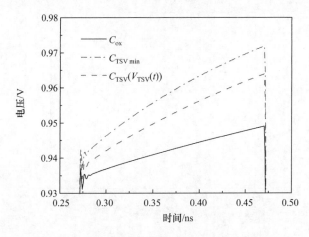

图 7.41　不同硅通孔电容下输出电压随时间的变化

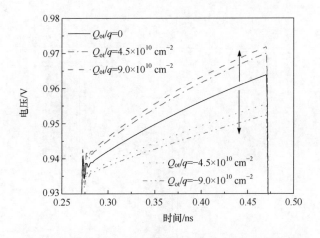

图 7.42　不同氧化层电荷密度下输出电压随时间的变化

图 7.43 给出了浮硅衬底中硅通孔对在不同温度下的输出电压响应。随着温度的升高，瞬态响应电压下降，这是因为导体损耗随温度升高而增大。

2. 硅通孔阵列瞬态特性分析

基于典型的信号-地-信号硅通孔阵列结构，本节将介绍浮硅衬底中硅通孔间的串扰问题。图 7.44 给出了信号-地-信号硅通孔阵列的结构和相应的输入/输出端口，在第一根信号硅通孔与地硅通孔之间加载电压源 V_s，输入与输出电阻仍为 50Ω，V_{next} 和 V_{fext} 分别为近端串扰电压和远端串扰电压（即端口 3 和端口 4 上的输出电压）。相比于信号-地硅通孔对，信号-地-信号硅通孔阵列的建模应当考虑硅通孔之间的互感和电流方向，从而准确提取电感参数[30]。

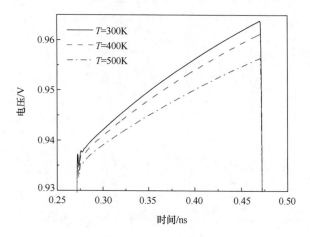

图 7.43　不同温度下输出电压随时间的变化

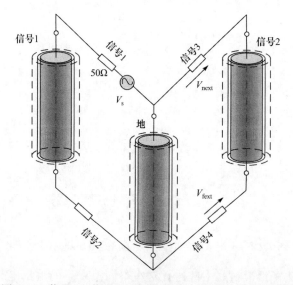

图 7.44　信号-地-信号硅通孔阵列中输入/输出端口的设置

　　图 7.45 给出了不同硅通孔电容下信号-地-信号硅通孔阵列中的近端串扰和远端串扰电压。从图中可以看到,不管假设耗尽层厚度为最大值,还是忽略耗尽层,它们都会对串扰电压的预测产生明显影响。如前所述,通过工艺改变氧化层固定电荷密度,可使硅通孔电容在工作电压范围内保持在最大值或最小值,这一结论同样适用于浮硅基底中的硅通孔阵列,如图 7.46 所示。最后,图 7.47 给出了温度对串扰电压的影响,随着温度升高,衬底损耗减小,近端和远端串扰电压也减小。

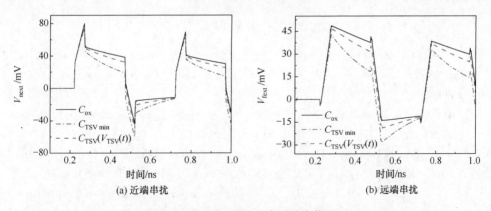

(a) 近端串扰　　　　　　　　　　　　(b) 远端串扰

图 7.45　不同硅通孔电容下的串扰电压

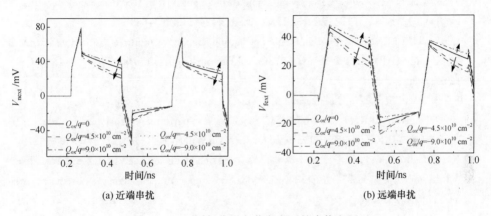

(a) 近端串扰　　　　　　　　　　　　(b) 远端串扰

图 7.46　不同氧化层电荷密度下的串扰电压

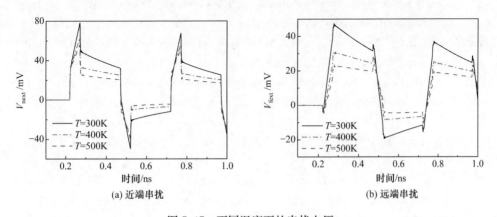

(a) 近端串扰　　　　　　　　　　　　(b) 远端串扰

图 7.47　不同温度下的串扰电压

参 考 文 献

[1] Katti G, Stucchi M, De Meyer K, et al. Electrical modeling and characterization of through silicon via for three-dimensional ICs[J]. IEEE Transactions on Electron Devices, 2010, 57(1): 256-262.

[2] Savidis I, Friedman E G. Closed-form expressions of 3-D via resistance, inductance, and capacitance[J]. IEEE Transactions on Electron Devices, 2009, 56(9): 1873-1881.

[3] Katti G, Stucchi M, Velenis D, et al. Temperature-dependent modeling and characterization of through-silicon via capacitance[J]. IEEE Electron Device Letters, 2011, 32(4): 563-565.

[4] Katti G, Stucchi M, Van Lomen J, et al. Through-silicon-via capacitance reduction technique to benefit 3-D IC performance[J]. IEEE Electron Device Letters, 2010, 31(6): 549-551.

[5] Zhang L, Li H Y, Tan C S. Achieving stable through-silicon via (TSV) capacitance with oxide fixed charge[J]. IEEE Electron Device Letters, 2011, 32(5): 668-670.

[6] Luo G X, Li E P, Wei X C, et al. PDN impedance modeling for multiple through vias array in doped silicon [J]. IEEE Transactions on Electromagnetic Compatibility, 2014, 56 (5): 1202-1209.

[7] Pozar D M. Microwave Engineering[M]. New York: John Wiley & Sons, 2009.

[8] Xu C, Li H, Suaya R, et al. Compact AC modeling and performance analysis of through-silicon vias in 3-D ICs[J]. IEEE Transactions on Electron Devices, 2010, 57(12): 3405-3417.

[9] Kim J, Cho J, Kim J, et al. High-frequency scalable modeling and analysis of a differential signal through-silicon via[J]. IEEE Transactions on Components, Packaging and Manufacturing Technology, 2014, 4(4): 697-707.

[10] Lu K C, Hong T S. Wideband and scalable equivalent-circuit model for differential through silicon vias with measurement verification[C]. Proceedings of the 63rd IEEE Electronic Components and Technology Conference, Las Vegas, 2013.

[11] Lu K C, Hong T S. Comparative modeling of differential through-silicon vias up to 40GHz[J]. Electronics Letters, 2013, 49(23): 1483-1484.

[12] Lu Q J, Zhu Z M, Yang Y T, et al. Electrical modeling and characterization of shield differential through-silicon vias[J]. IEEE Transactions on Electron Devices, 62(5): 1544-1552.

[13] Chen A, Liang F, Wang B Z, et al. Conduction mode analysis and impedance extraction of shielded pair transmission lines[J]. IEEE Microwave and Wireless Components Letters, 2016, 26(9): 654-656.

[14] Zhao W S, Zheng J, Liang F, et al. Wideband modeling and characterization of differential through-silicon vias for 3-D ICs[J]. IEEE Transactions on Electron Devices, 2016, 63(3): 1168-1175.

[15] Wang F J, Zhu Z M, Yang Y T, et al. An effective approach of reducing the keep-out-zone induced by coaxial through-silicon-vias[J]. IEEE Transactions on Electron Devices, 2014,

61(8):2928-2934.

[16] Chen A B,Liang F,Wang G F,et al. Closed-form impedance model for annular through-silicon via pairs in three-dimensional integration[J]. IET Microwave,Antennas & Propagation,2015,9(8):808-813.

[17] Ndip I,Curran B,Löbbicke K,et al. High-frequency modeling of TSVs for 3-D chip integration and silicon interposers considering skin-effect,dielectric quasi-TEM and slow-wave modes[J]. IEEE Transactions on Components,Packaging and Manufacturing Technology,2011,1(10):1627-1641.

[18] Zhao W S,Yin W Y,Wang X P,et al. Frequency-and temperature-dependent modeling of coaxial through-silicon vias for 3-D ICs[J]. IEEE Transactions on Electron Devices,2011,58(10):1158-1168.

[19] Liang F,Wang G F,Zhao D S,et al. Wideband impedance model for coaxial through-silicon vias in 3-D integration[J]. IEEE Transactions on Electron Devices,2013,60(8):2498-2504.

[20] Ramo S,Whinnery J R,Duzer T V. Fields and Waves in Communication Electronics[M]. New York:John Wiley & Sons,1994.

[21] Niknejad A M,Mayer R G. Analysis of eddy-current losses over conductive substrates with applications to monolithic inductors and transformers[J]. IEEE Transactions on Microwave Theory and Techniques,2001,49(1):166-176.

[22] 赵文生. 三维集成电路中新型互连结构的建模方法与特性研究[D]. 杭州:浙江大学,2013.

[23] Fang R N,Sun X,Miao M,et al. Characteristics of coupling capacitance between signal-ground TSVs considering MOS effect in silicon interposers[J]. IEEE Transactions on Electron Devices,2015,62(12):4161-4168.

[24] Weeraselkera R,Katti G,Dutta R,et al. An analytical capacitance model for through-silicon vias in floating silicon substrate[J]. IEEE Transactions on Electron Devices,2016,63(3):1182-1188.

[25] Kim J,Pak J S,Cho J,et al. High-frequency scalable electrical model and analysis of a through silicon via (TSV)[J]. IEEE Transactions on Components,Packaging and Manufacturing Technology,2011,1(2):181-187.

[26] Chang Y Y,Ko C T,Yu T H,et al. Modeling and characterization of TSV capacitor and stable low-capacitance implementation for wide-I/O application[J]. IEEE Transactions on Devices and Materials Reliability,2015,15(2):129-135.

[27] 余乐. 三维集成电路中 TSV 互连特性研究[D]. 北京:中国科学院大学,2012.

[28] Piersanti S, de Paulis F, Orlandi A, et al. Impact of frequency-dependent and nonlinear parameters on transient analysis of through silicon vias equivalent circuit[J]. IEEE Transactions on Electromagnetic Compatibility,2015,57(3):538-545.

[29] Zhao W S,Zheng J,Chen S,et al. Transient analysis of through-silicon vias in floating sili-

con substrate［J］. IEEE Transactions on Electromagnetic Compatibility, 2017, 59 (1):
207-216.

［30］ Yao W, Pan S, Achkir B, et al. Modeling and application of multi-port TSV networks in 3-D
ICs［J］. IEEE Transactions on Computer-Aided Design of Integrated Circuits and Systems,
2013, 32(4):487-496.

第8章 基于碳纳米管的硅通孔

与传统铜导体相比,碳纳米管具有更大的平均自由程和热导率、更强的电流承载能力和机械强度,且一般竖直生长,适宜作为硅通孔的填充导体,以提升集成系统的性能和可靠性。然而,碳纳米管具有动电感、量子电容等参数,需要对碳纳米管硅通孔展开系统的建模研究和特性分析。此外,限于当前工艺水准,很难得到紧密排列的碳纳米管束,这将影响信号的传输质量。为解决这一问题,必须改进工艺或采用新型材料、结构,例如用铜-碳纳米管混合材料填充硅通孔等。

本章针对碳纳米管硅通孔和铜-碳纳米管硅通孔进行建模,从碳纳米管束模型出发,结合等效复电导率概念,准确计算频变参数并与铜基硅通孔进行比较分析。

碳纳米管束的制备通常采用化学气相沉积法,该方法的加工温度一般为500~1000℃,因此碳纳米管束的制备能够与集成电路的加工技术兼容。图 8.1(a)给出了碳纳米管硅通孔的加工流程图[1]。首先在环境温度达到 700℃时,使用化学气相沉积法在硅衬底上以 $1\mu m/s$ 左右的速度生长碳纳米管束。由于当前工艺水平下得到的碳纳米管束密度远远小于理想密度,为了形成紧密排列的碳纳米管束以减小阻抗,需要采用干法致密化技术压迫碳纳米管向内变形,从而得到致密化碳纳米管束[2]。然后将致密后的碳纳米管束插入已刻蚀好的通孔,用苯并环丁烯(BCB)材料填充到空隙处以隔离硅衬底。最后通过机械研磨和抛光,去除多余的材料,以便在碳纳米管硅通孔的顶部构造钛/金衬垫。图 8.1(b)给出了碳纳米管硅通孔的扫描电镜图,其中碳纳米管束的密度可达约 $10^{12}\,cm^{-2}$。

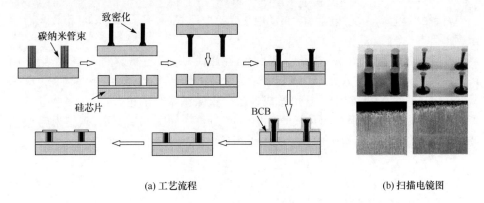

(a) 工艺流程　　　　　　　　　　　　　　　　(b) 扫描电镜图

图 8.1　碳纳米管硅通孔的工艺流程和扫描电镜图[1]

8.1　碳纳米管硅通孔的特性分析

8.1.1　等效复电导率

图 8.2 给出了碳纳米管硅通孔示意图,其中碳纳米管束按照紧密方式排列,邻近碳纳米管的距离为 0.34nm(即范德瓦耳斯间距)。碳纳米管可以是单壁碳纳米管,也可以是多壁碳纳米管。一般情况下,多壁碳纳米管的内壁直径设为外壁直径的一半,即 $D_{in}=D/2$,邻近层距离为 0.34nm。

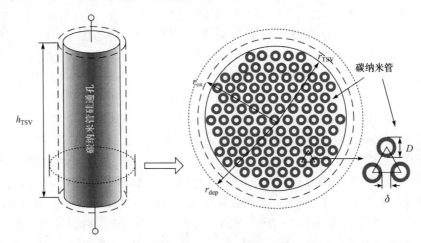

图 8.2　碳纳米管硅通孔示意图

单根直径为 D 的单壁碳纳米管(或多壁碳纳米管中一层)的阻抗参数为

$$Z_{CNT}=R_{c1}+R_S+R_{c2}+j\omega L_K \tag{8.1}$$

其中,接触电阻 R_c、散射电阻 R_S 和动电感 L_K 根据式(4.1)~式(4.3)和式(4.13)计算得到。

非理想接触电阻 R_{mc} 取决于工艺水准,在建模过程中一般忽略 R_{mc} 的影响。由式(3.25)及式(4.4)~式(4.11)可知,碳纳米管的阻抗参数是碳纳米管直径 D 和温度 T 的函数。多壁碳纳米管可看成各层单壁碳纳米管的组合,因此多壁碳纳米管的阻抗参数为各层阻抗的并联值(见式(4.24))。如图 8.2 所示,碳纳米管按照最紧密方式填充时,单根硅通孔中的碳纳米管数目为[3]

$$N_{CNT}\approx\frac{2\pi r_{TSV}^2}{\sqrt{3}(D+\delta)^2} \tag{8.2}$$

因此,碳纳米管硅通孔的等效复电导率为[3,4]

$$\sigma_{eff}\approx Fm\times h_{TSV}\left[\frac{\sqrt{3}}{2}(D+\delta)^2 Z_{CNT}\right]^{-1} \tag{8.3}$$

由于多壁碳纳米管通常为金属性的,对于多壁碳纳米管硅通孔,Fm=1,而单碳纳米管硅通孔中金属性碳纳米管的比例取决于工艺,目前可达到 0.91[5]。

图 8.3 给出了不同温度下碳纳米管硅通孔等效复电导率随频率的变化曲线。室温下,当单壁碳纳米管硅通孔的 Fm 为 1/3、2/3 和 1 时,等效复电导率的实部分别为 $4.06\times10^7\mathrm{S/m}$、$8.13\times10^7\mathrm{S/m}$ 和 $12.19\times10^7\mathrm{S/m}$。对于单壁碳纳米管硅通孔,等效复电导率的虚部随频率的增加呈线性减小,而实部几乎保持不变。多壁碳纳米管硅通孔中,等效复电导率的实部随频率的增加而大幅减小,虚部随频率的增加先减小后增加。单壁碳纳米管硅通孔的等效复电导率随温度升高而减小,而多壁碳纳米管硅通孔的等效复电导率则几乎不受温度影响。

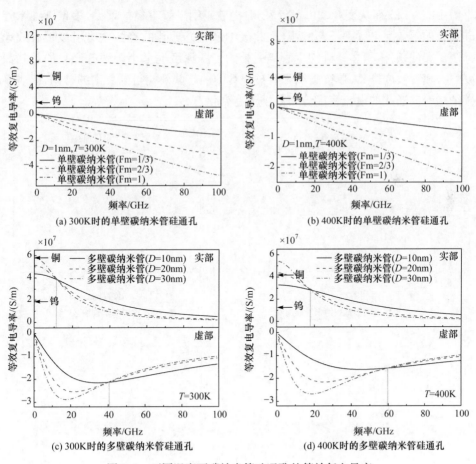

图 8.3 不同温度下碳纳米管硅通孔的等效复电导率

8.1.2 电流密度分布

假设电流在碳纳米管硅通孔上均匀分布,$\sigma\gg\omega\varepsilon$,电流密度在径向方向上可以

表示为[6]

$$\frac{\mathrm{d}^2 J}{\mathrm{d}r^2}+\frac{1}{r}\frac{\mathrm{d}J}{\mathrm{d}r}+T^2 J=0 \tag{8.4}$$

其中，$T=\sqrt{-\mathrm{j}\omega\mu\sigma_{\mathrm{eff}}}$，$\omega$ 为角频率，μ 为磁导率，σ_{eff} 为导体的有效电导率。

通过求解式(8.4)，可以得到归一化的电流密度分布函数为

$$J_{\mathrm{norm}}=\frac{J(r)}{J(r_{\mathrm{TSV}})}=\frac{J_0(Tr)}{J_0(Tr_{\mathrm{TSV}})} \tag{8.5}$$

图 8.4 给出了不同温度下单壁碳纳米管硅通孔和多壁碳纳米管硅通孔中的归一化电流密度分布曲线，其中硅通孔的半径和高度分别为 $0.5\mu m$ 和 $30\mu m$，工作频率为 100GHz。而从图 8.3 中可以看到，随着碳纳米管直径的增大，多壁碳纳米管硅通孔的等效复电导率不断减小，因此碳纳米管硅通孔的趋肤效应可以被有效地抑制。相同条件下，多壁碳纳米管硅通孔的趋肤深度远远小于铜硅通孔的趋肤深度[7]。随着温度升高，单壁碳纳米管硅通孔中的趋肤效应得到一定的抑制，但多壁碳纳米管硅通孔的电流密度分布几乎没有变化。

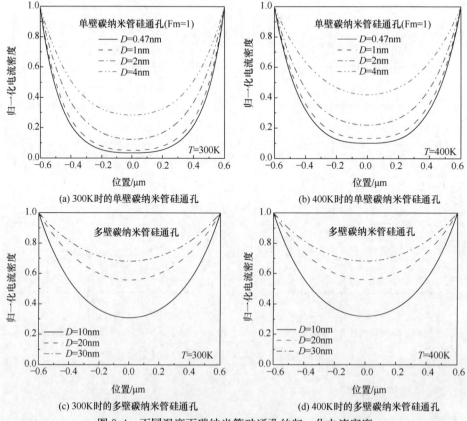

(a) 300K时的单壁碳纳米管硅通孔　　　　　　(b) 400K时的单壁碳纳米管硅通孔

(c) 300K时的多壁碳纳米管硅通孔　　　　　　(d) 400K时的多壁碳纳米管硅通孔

图 8.4　不同温度下碳纳米管硅通孔的归一化电流密度

8.1.3 电学特性分析

基于图 7.4 给出的等效电路模型,将式(8.3)代入式(7.11)~式(7.14),可以得到碳纳米管硅通孔对的阻抗参数。图 8.5 给出了温度为 300K 和 500K 时碳纳米管硅通孔对的单位长度阻抗参数随频率的变化曲线。可以看到,温度的升高导致单壁碳纳米管硅通孔的电阻明显增大,而多壁碳纳米管硅通孔的低频电阻几乎保持不变,仅当频率超过几吉赫兹时,多壁碳纳米管硅通孔的电阻才开始随着温度的升高而增大。这种现象表明,多壁碳纳米管束抑制趋肤电流的能力随温度的升高而下降。相比于电阻,碳纳米管硅通孔的电感参数受温度影响较小,仅在频率超过某一数值后,单壁碳纳米管硅通孔的电感才随温度的升高而增大,多壁碳纳米管硅通孔的电感变化则与之相反。

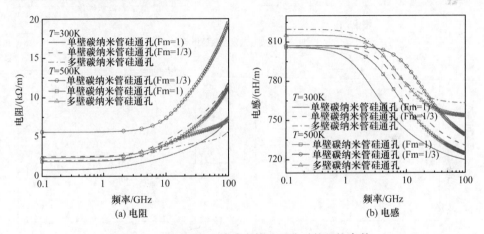

图 8.5 不同温度下碳纳米管硅通孔对的阻抗参数

在碳纳米管硅通孔的导纳参数计算中,需要考虑碳纳米管量子电容的影响。碳纳米管硅通孔的总量子电容为

$$C_Q = N_{CNT} h_{TSV} \frac{4q^2}{h v_F} \sum_{shell} N_{ch} \tag{8.6}$$

其中,e 为电子电荷;v_F 为费米速度;h 为普朗克参数;N_{ch} 为碳纳米管的有效导电沟道数。

通过计算发现,碳纳米管硅通孔的量子电容远大于硅通孔的 MOS 电容,因而在分析中可以忽略量子电容[8,9]。基于等效电路模型和参数提取方法,可以通过式(7.75)得到碳纳米管硅通孔对的散射参数,如图 8.6 所示。研究表明,硅通孔的传输特性在低频处主要受导体损耗的影响,因此碳纳米管硅通孔的低频传输性能随温度的升高而下降。在高频处,硅衬底的损耗成为决定传输性能的重要参数,此时温度的升高可降低传输损耗。类似地,硅通孔间距的增大会导致衬底损耗增加,使碳纳米管硅通孔对的电学性能在高频处急剧恶化。相比较而言，氧化层厚度的增加可以减小寄生电容，改善信号传输性能，但氧化层厚度的增加会影响硅通孔的热性能，因此要在电学与热学性能之间取得平衡，以保证三维集成电路的性能和可靠性。

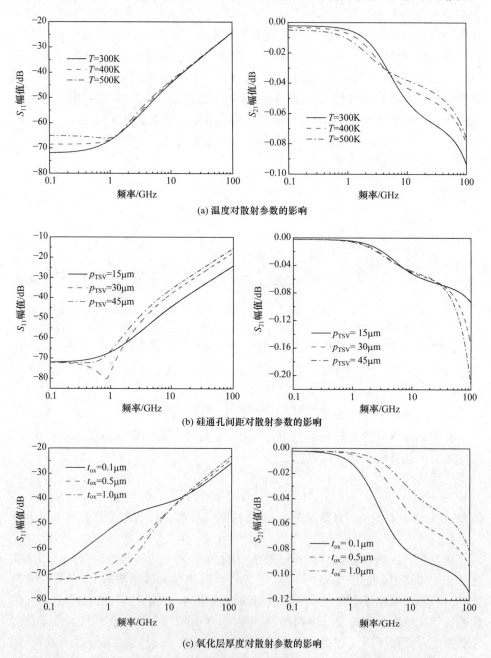

(a) 温度对散射参数的影响

(b) 硅通孔间距对散射参数的影响

(c) 氧化层厚度对散射参数的影响

图 8.6　碳纳米管硅通孔对在不同温度、硅通孔间距和氧化层厚度下的散射参数

8.1.4　散热管理

碳纳米管的热导率远远大于传统铜材料,因此碳纳米管硅通孔可用于三维集成电路的散热管理。图 8.7 给出了埋有硅通孔阵列的硅衬底结构示意图,其中衬底底部环境温度 T_0 设置为 300K,衬底的等效热导率为[10]

$$\kappa_{eq} = \frac{Q h_{TSV}}{\Delta T} \tag{8.7}$$

其中,Q 为热流;Δt 为表面的平均温度。

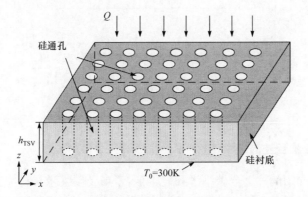

图 8.7　埋有硅通孔阵列的硅衬底结构示意图

等效热导率 κ_{eq} 可表述为[11]

$$\kappa_{eq} = \kappa_{Si} + \pi(\kappa_{TSV} - \kappa_{Si})\left(\frac{r_{TSV}}{p_{TSV}}\right)^2 \tag{8.8}$$

其中,p_{TSV} 为硅通孔间距;硅热导率 $\kappa_{Si} = 163W/(m \cdot K)$;硅通孔热导率 κ_{TSV} 由填充导体的材料决定,可以是铜的热导率 $\kappa_{Cu} = 400W/(m \cdot K)$,也可以是碳纳米管的热导率 κ_{CNT}。碳纳米管的热导率受加工质量的影响,在 1750W/(m·K) 和 5800W/(m·K) 之间变化。

图 8.8 给出了埋有硅通孔阵列的硅衬底等效热导率,其中实线为使用式(8.8)计算得到的结果,符号为使用多物理场仿真软件 COMSOL 得到的仿真结果,发现两者相吻合。从图中可以看到,使用碳纳米管硅通孔可以将衬底的等效热导率提升一个数量级,有效改善三维集成电路的散热性能。

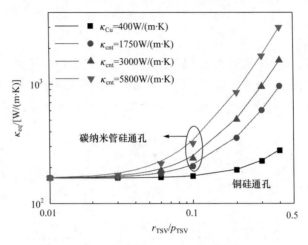

图 8.8　埋有硅通孔阵列的硅衬底等效热导率

8.2　全碳三维互连结构

8.2.1　全碳三维互连的电学特性

与 4.3 节介绍的片上全碳纳米互连类似,考虑到碳纳米材料优良的物理特性,可以利用碳纳米材料来构造三维互连结构[12]。图 8.9 给出了全碳三维互连的结构示意图,其中硅通孔由碳纳米管束填充得到,而水平互连利用多层石墨烯构造。碳纳米管硅通孔的电学特性可通过如图 7.4 所示的等效电路模型结合等效复电导率得到。

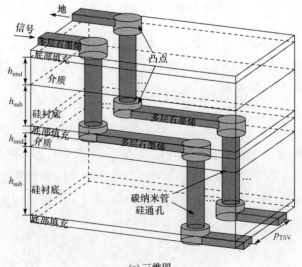

(a) 三维图

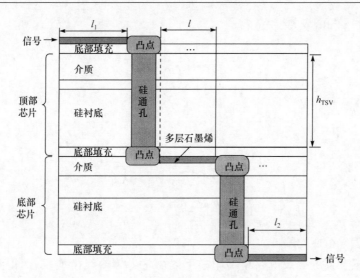

(b) 截面图

图 8.9　全碳三维互连

图 8.10 给出了多层石墨烯互连对的结构和等效电路模型,其中频变电阻R_{MLG}和电感L_{MLG}通过图 5.21 中的改进 PEEC 方法得到[13],耦合电容为[14]

$$C_{MLG} = C_{air} + C_{pass} + C_{diel} \tag{8.9}$$

其中

$$C_{air} = \varepsilon_0 K(k_0') / K(k_0) \tag{8.10}$$

$$k_0 = \sqrt{1 - (w_g / p_g)^2} \tag{8.11}$$

$$C_{pass} = \varepsilon_0 (\varepsilon_{pass} - 1) K(k_1') / K(k_1) \tag{8.12}$$

$$k_1 = \sqrt{1 - \frac{\sinh^2[\pi w_g / (2 h_{pass})]}{\sinh^2[\pi p_g / (2 h_{pass})]}} \tag{8.13}$$

$$C_{diel} = \varepsilon_0 (\varepsilon_{diel} - \varepsilon_{pass}) K(k_2') / K(k_2) \tag{8.14}$$

$$k_2 = \sqrt{1 - \frac{\sinh^2[\pi w_g / (2 h_{diel})]}{\sinh^2[\pi p_g / (2 h_{diel})]}} \tag{8.15}$$

其中,$K(\cdot)$为第一类完全椭圆积分;$k' = \sqrt{1 - k^2}$;w_g为石墨烯互连的宽度;p_g为石墨烯互连之间的间距;h_{pass}和ε_{pass}为钝化层的厚度和相对介电常数;h_{diel}和ε_{diel}为钝化层的厚度和相对介电常数。

石墨烯与衬底之间的耦合电容为[15]

$$C_{MLG\text{-}sub} = \varepsilon_0 \varepsilon_{diel} \left[\frac{w_g}{h_{diel}} + \frac{K(k_{VP})}{K(k_{VP}')} \right] \tag{8.16}$$

$$k_{VP} = \sqrt{1 - \left(\frac{h_{diel}}{h_{diel} + w_g} \right)^2} \tag{8.17}$$

衬底电容 C_{sub} 和电导 G_{sub} 分别为

$$C_{sub} = \varepsilon_0 \varepsilon_{eff} w_g / h_{eff} \tag{8.18}$$

$$G_{sub} = \sigma_{eff} w_g / h_{eff} \tag{8.19}$$

其中

$$\varepsilon_{eff} = \frac{\varepsilon_{Si} + 1}{2} + \frac{\varepsilon_{Si} - 1}{2\sqrt{1 + 10(h_{diel} + h_{sub})/w_g}} \tag{8.20}$$

$$\sigma_{eff} = \frac{\sigma_{Si}}{2} + \frac{\sigma_{Si}}{2\sqrt{1 + 10(h_{diel} + h_{sub})/w_g}} \tag{8.21}$$

$$h_{eff} = \frac{w_g}{2\pi} \ln\left[\frac{8(h_{diel} + h_{sub})}{w_g} + \frac{w_g}{4(h_{diel} + h_{sub})}\right] \tag{8.22}$$

其中，h_{sub} 为硅衬底的厚度。

　　石墨烯互连的等效电路模型同样可以简化为传输线模型，从而得到信号-地石墨烯互连线对的散射参数，如图 8.10(b) 所示。

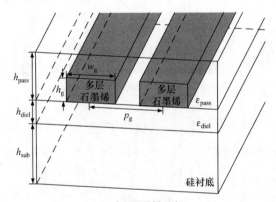

(a) 多层石墨烯互连

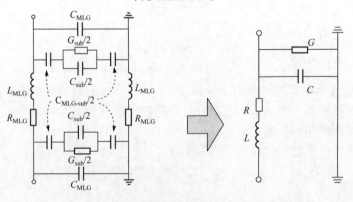

(b) 等效电路模型

图 8.10　多层石墨烯的结构示意图和等效电路模型

　　为实现碳纳米管硅通孔与水平石墨烯互连的电学连接,必须用铜或其他传统金属构造凸点。凸点的电路建模在文献[16]中给出,而凸点与碳纳米管硅通孔的连接如图 8.11 所示。假设碳纳米管硅通孔与凸点的接触界面没有氧化区域,接触电阻完全由电子的弹道输运和扩散决定。由于碳纳米管的平均自由程远大于饱和值,界面处的电子输运不受散射影响[17]。为了准确提取碳纳米管硅通孔与凸点的接触电阻 $R_{\text{c-TSV}}$,可将单根碳纳米管的接触电阻表示为 $R_c = \rho_{\text{con}} / N_{\text{atom}}$,其中 N_{atom} 为碳纳米管截面上的碳原子数,ρ_{con} 为凸点与碳纳米管界面处的接触电阻率,ρ_{con} 可通过实验测量或理论推导得到[18],此时 $R_{\text{c-TSV}} = R_c / N_{\text{CNT}}$。类似地,多层石墨烯互连与凸点之间也存在接触电阻 $R_{\text{c-MLG}}$,可按照文献[19]中给出的方法提取得到。

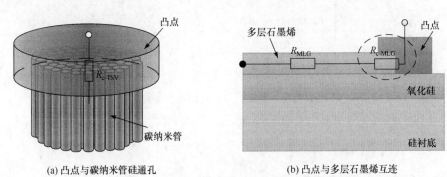

(a) 凸点与碳纳米管硅通孔　　　　　　　(b) 凸点与多层石墨烯互连

图 8.11　凸点与碳纳米管硅通孔和多层石墨烯的连接示意图

　　图 8.12 给出了凸点与碳纳米管硅通孔和多层石墨烯互连之间的接触电阻,可以看到接触电阻随着接触长度的增加而减小。研究表明,凸点所引入的接触电阻远小于互连线自身的阻抗参数。因此,接触电阻对全碳三维互连整体性能的影响较小,但当接触电极的尺寸缩小到纳米尺度时仍需考虑接触电阻。

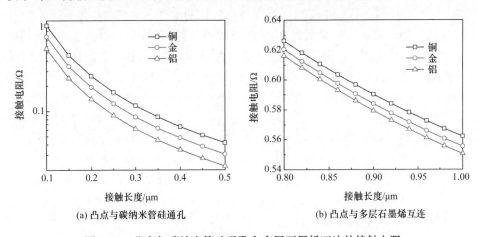

(a) 凸点与碳纳米管硅通孔　　　　　　　(b) 凸点与多层石墨烯互连

图 8.12　凸点与碳纳米管硅通孔和多层石墨烯互连的接触电阻

图 8.13 给出了全碳三维互连的散射参数,其中硅衬底的电导率为 10S/m(即中阻硅)。

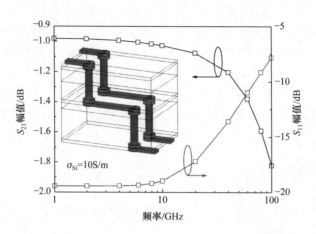

图 8.13　全碳三维互连的散射参数

为进一步提升全碳三维互连的电学性能,可在片上石墨烯互连下面引入接地栅格屏蔽来降低衬底损耗。

8.2.2　全碳三维互连的电热分析

热问题是三维集成电路的关键,有必要研究全碳三维互连的电-热特性。为得到准确的电势和温度分布,可通过迭代方法求解泊松方程与热传导方程[20,21]

$$\nabla \cdot [\sigma(T)\nabla \varphi] = 0 \tag{8.23}$$

$$-\nabla \cdot [\kappa(T)\nabla T] = f_0 \tag{8.24}$$

其中,f_0 为焦耳热;$\sigma(T)$ 和 $\kappa(T)$ 为考虑各向异性的温变电导率和热导率矩阵。

应用有限元方法求解式(8.23)与式(8.24),可得到全碳三维互连的电-热响应。图 8.14(a)给出了单根碳纳米管硅通孔的结构示意图,其中底部的温度 T_0 设为 363K,硅通孔的顶部加载电压 V_0。图 8.14(b)给出了碳纳米管硅通孔的温度响应,其中实线为使用多物理场仿真软件 COMSOL 得到的仿真结果,符号为使用有限元方法得到的温度响应,可以看到两者相吻合。图 8.14(b)中讨论了三种情形,即假设碳纳米管硅通孔热导率保持在 2907W/m·K(T_0=363K 时的热导率)、考虑热导率温变特性以及同时考虑热导率的温变特性和各向异性(水平方向的热导率取为 0.1W/m·K)。可以看到在同一偏置电压下,将热导率保持在 2907W/m·K 会导致温升被低估。因此,全碳三维互连的电-热分析中必须考虑电学参数和热学参数的温变特性和各向异性的影响。

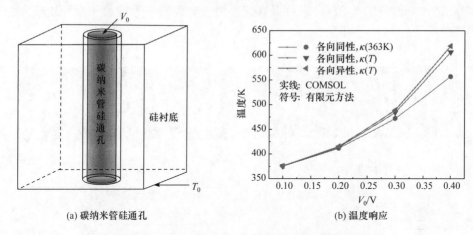

(a) 碳纳米管硅通孔　　　　　　　(b) 温度响应

图 8.14　碳纳米管硅通孔的结构示意图与温度响应

　　图 8.15 给出了三维互连结构的示意图,它由两根硅通孔和一根水平互连线构成,通过铜基凸点连接。三维互连中硅通孔的半径和高度分别为 $2\mu m$ 和 $20\mu m$,水平互连的截面尺寸为 $2\times0.5\mu m^2$,长度为 $46\mu m$。在其中一根硅通孔的底部注入 $1MA/cm^2$ 的电流密度 J_0,通过有限元方法求解式(8.23)与式(8.24),可得到三维互连结构的温度响应。在仿真中设底部温度保持在 363K,其他边界设为绝热条件。

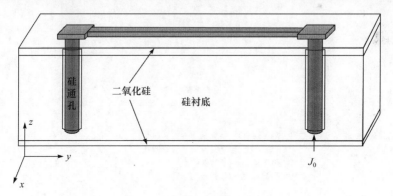

图 8.15　三维互连结构示意图

　　图 8.16 给出了铜基三维互连和全碳三维互连在注入电流后的温度分布,可以看到当使用碳纳米材料替代铜构造互连后,最高温度从 384K 降低到 369K,这是因为碳纳米材料具有远高于铜材料的热导率。在铜基三维互连的区域 A 处,温度分布均匀,而碳纳米管硅通孔中的等温线是倾斜的,这是碳纳米管热导率各向异性的缘故(在水平方向上的热导率很小)。此外,受量子接触电阻的影响,凸点与碳纳米互连的界面处有明显的温度变化。进一步地,图 8.17 给出了三维互连的最高温度和压降随着电流密度的变化,随着电流密度的增大,全碳三维互连的优势变得更

加明显。然而,从图 8.17(b)中可以看到采用多壁碳纳米管硅通孔会导致较大的压降。

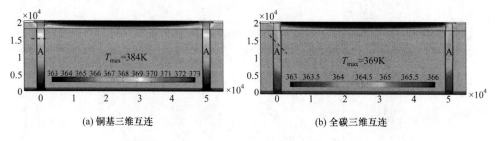

(a) 铜基三维互连　　　　　　　　　　　(b) 全碳三维互连

图 8.16　铜基三维互连与全碳三维互连的温度分布

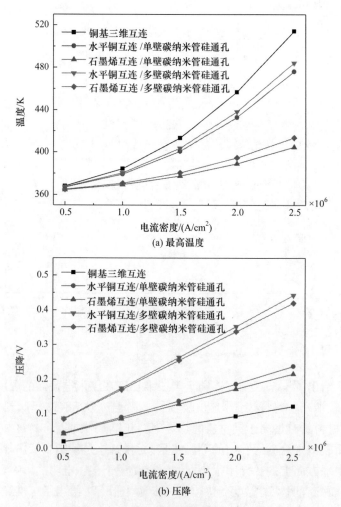

(a) 最高温度

(b) 压降

图 8.17　三维互连中的最高温度与压降

8.3　铜-碳纳米管硅通孔的特性分析

8.3.1　铜-碳纳米管硅通孔的结构

尽管在碳纳米管硅通孔的制备过程中可对碳纳米管束进行加密，但由于受到工艺的限制，现有工艺水平仍无法满足实际需求。与碳纳米管相比，铜导体的电导率较高，但可靠性难以满足需求。因此，美国南加利福尼亚大学的 Chai 博士等[22]和日本碳纳米管技术研究所的 Subramaniam 教授等[23]提出结合铜与碳纳米管构造铜-碳纳米管混合材料，同时利用两者的优势，在保留较强电流承载能力的前提下提高电学性能。相比于铜材料，铜-碳纳米管混合材料受温度的影响较小，这些特性表明铜-碳纳米管混合材料适宜构造硅通孔。图 8.18(a) 给出了铜-碳纳米管硅通孔的加工流程图，在生长碳纳米管束后先使用周期脉冲法电镀铜，再进行晶圆减薄[24]。图 8.18(b) 为铜-碳纳米管硅通孔的扫描电镜图，硅通孔的高深宽比达 $3:1$，高度达 $100\mu m$。

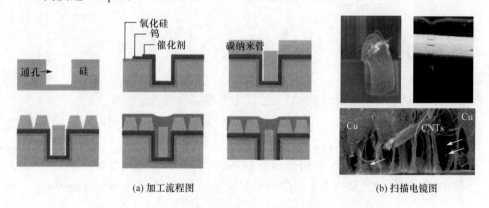

(a) 加工流程图　　　　　　　　　　　　　　(b) 扫描电镜图

图 8.18　铜-碳纳米管硅通孔的加工流程图和扫描电镜图[24]

8.3.2　铜-碳纳米管硅通孔的等效复电导率

图 8.19 给出了铜-碳纳米管硅通孔的截面图，其中硅通孔半径为 $2.5\mu m$，氧化层厚度为 $0.5\mu m$，硅衬底电导率为 $10S/m$，在室温下耗尽层厚度为 $0.757\mu m$，邻近硅通孔的间距为 $15\mu m$。定义碳纳米管束在硅通孔截面上所占的比例为

$$f_{CNT} = \frac{N_{CNT}(D+0.31)^2}{4r_{TSV}^2} \tag{8.25}$$

其中，碳纳米管直径的单位为 nm。

根据文献[18]所述，碳纳米管与铜原子间的距离为 $0.155nm$，如图 8.19 所示。

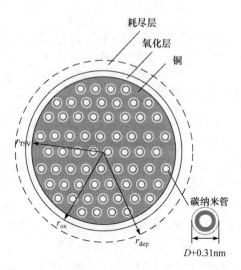

图 8.19　铜-碳纳米管硅通孔的截面图

　　铜-碳纳米管硅通孔的等效复电导率为

$$\sigma_{\text{eff}} = (1 - f_{\text{CNT}})\sigma_{\text{Cu}} + f_{\text{CNT}}\sigma_{\text{CNT}} \tag{8.26}$$

其中，σ_{CNT} 为碳纳米管束的等效复电导率（见式(8.3)），此处重新写为

$$\sigma_{\text{CNT}} = k f_{\text{CNT}} / Z_{\text{CNT}} \tag{8.27}$$

其中，$k = 4h_{\text{TSV}}\text{Fm} / [\pi(D + 0.31)^2]$；$Z_{\text{CNT}}$ 为单根碳纳米管的阻抗。

　　在 $\text{Fm} = 1/3$、$D = 3\text{nm}$、$f_{\text{CNT}} = 0.2$ 时，铜-碳纳米管混合材料的等效电导率约为 $4.95 \times 10^7 \text{S/m}$，与文献[23]中的实验测量结果（$4.7 \pm 0.3 \times 10^7 \text{S/m}$）较为接近。

　　考虑更为一般的情况，硅通孔内同时由铜、单壁和多壁碳纳米管进行混合填充，如图 8.20 所示。碳纳米管束的直径服从高斯分布，可用式(8.28)表示。

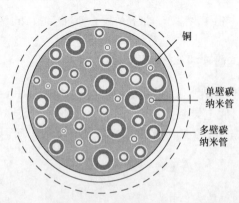

图 8.20　铜-混合碳纳米管填充的硅通孔截面图

$$N(D) = \frac{4r_{\text{TSV}}^2}{\sigma_{\text{D}}\sqrt{2\pi}} \frac{f_{\text{CNT}}}{D_{\text{mean}}^2 + \sigma_{\text{D}}^2} \exp\left[-\frac{1}{2}\left(\frac{D - D_{\text{mean}}}{\sigma_{\text{D}}}\right)^2\right] \tag{8.28}$$

其中，D_{mean} 为碳纳米管束的平均直径；σ_{D} 为标准差。

根据式(8.28)，混合碳纳米管束的阻抗为

$$Z_{\text{mixed}} = \left[\int \frac{N(D)}{R(D)}\text{d}D\right]^{-1} + \text{j}\omega\left[\int \frac{N(D)}{L_{\text{K}}(D)}\text{d}D\right]^{-1} \tag{8.29}$$

其中，$R(D)$ 和 $L_{\text{K}}(D)$ 分别为单根碳纳米管的电阻和动电感。

因此，混合碳纳米管束的等效复电导率为

$$\sigma_{\text{CNT}} = \frac{h_{\text{TSV}}}{\pi r_{\text{TSV}}^2 Z_{\text{mixed}}} \tag{8.30}$$

将式(8.30)代入式(8.26)，可得到铜-混合碳纳米管填充硅通孔的等效复电导率。类似地，可以得到铜-单壁碳纳米管和铜-多壁碳纳米管填充硅通孔的等效复电导率：

$$\sigma_{\text{eff}} = (1 - f_{\text{CNT}})\sigma_{\text{Cu}} + \frac{k f_{\text{CNT}}^2 R_{\text{CNT}}}{R_{\text{CNT}}^2 + \omega^2 L_{\text{CNT}}^2} - \text{j}\frac{k f_{\text{CNT}}^2 \omega L_{\text{CNT}}}{R_{\text{CNT}}^2 + \omega^2 L_{\text{CNT}}^2} \tag{8.31}$$

其中，R_{CNT} 和 L_{CNT} 为单根碳纳米管的电阻和电感参数。

等效复电导率虚部与实部的比值为

$$\left|\frac{\text{Im}(\sigma_{\text{eff}})}{\text{Re}(\sigma_{\text{eff}})}\right| = \frac{k f_{\text{CNT}}^2 \omega L_{\text{CNT}}}{(1 - f_{\text{CNT}})\sigma_{\text{Cu}}(R_{\text{CNT}}^2 + \omega^2 L_{\text{CNT}}^2) + k f_{\text{CNT}}^2 R_{\text{CNT}}} \tag{8.32}$$

如 4.1.3 节所述，在标准差 σ_{D} 较小时，混合碳纳米管束的等效复电导率与碳纳米管直径为 D_{mean} 的多壁碳纳米管束相近，此处不再赘述。图 8.21 给出了铜与单壁和多壁碳纳米管混合填充硅通孔的等效复电导率。可以看到，单壁碳纳米管硅通孔等效复电导率的实部 $\text{Re}(\sigma_{\text{eff}})$ 几乎不随频率变化，这是因为单壁碳纳米管的 $R_{\text{CNT}} \gg \omega L_{\text{CNT}}$；多壁碳纳米管中每层管壁的直径都远大于单壁碳纳米管的直径，多壁碳纳米管的平均自由程远大于单壁碳纳米管的平均自由程；多壁碳纳米管中每层管壁的 $R_{\text{CNT}}/(\omega L_{\text{CNT}})$ 值比单壁碳纳米管的小，多壁碳纳米管硅通孔的实部 $\text{Re}(\sigma_{\text{eff}})$ 在高频处明显下降。在碳纳米管束中电镀铜，可以明显提高材料的导电特性，因此铜-碳纳米管混合硅通孔可提供更好的电学性能。

根据式(8.31)可以发现，碳纳米管硅通孔等效复电导率的虚部 $\text{Im}(\sigma_{\text{eff}})$ 随频率的增加而减小。当频率升至 $R_{\text{CNT}}/(2\pi L_{\text{CNT}})$ 时，$\text{Im}(\sigma_{\text{eff}})$ 达到最小值 $k f_{\text{CNT}}^2/(2R_{\text{CNT}})$，该值与频率和碳纳米管动电感无关。达到最小值以后，$\text{Im}(\sigma_{\text{eff}})$ 随频率的增大而增大。对于多壁碳纳米管硅通孔，$R_{\text{CNT}}/(2\pi L_{\text{CNT}})$ 为 21.1GHz，而单壁碳纳

米管硅通孔中 $R_{\mathrm{CNT}}/(2\pi L_{\mathrm{CNT}})=269.8\mathrm{GHz}$。由于图 8.21 只分析 100GHz 内的等效复电导率,单壁碳纳米管硅通孔的 $\mathrm{Im}(\sigma_{\mathrm{eff}})$ 在该频率范围内随频率线性减小。由式(8.31)可知铜-碳纳米管硅通孔的 $\mathrm{Im}(\sigma_{\mathrm{eff}})$ 与碳纳米管硅通孔一致,只与 f_{CNT} 的大小有关。

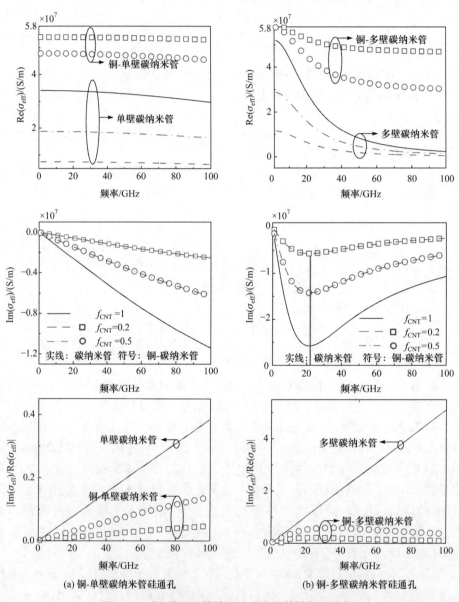

(a) 铜-单壁碳纳米管硅通孔　　　　　　(b) 铜-多壁碳纳米管硅通孔

图 8.21　铜-碳纳米管填充硅通孔的等效复电导率

图 8.21 中,铜-碳纳米管硅通孔的 $\mathrm{Re}(\sigma_{\mathrm{eff}})$ 值明显大于碳纳米管硅通孔的

$Re(\sigma_{eff})$值,且随频率变化的幅度也比碳纳米管硅通孔小。因此,铜-碳纳米管硅通孔的$|Im(\sigma_{eff})/Re(\sigma_{eff})|$值被明显抑制。若频率满足

$$\omega = \sqrt{\frac{R_{CNT}^2}{L_{CNT}^2} + \frac{kR_{CNT}f_{CNT}^2}{\sigma_{Cu}L_{CNT}^2(1-f_{CNT})}} \tag{8.33}$$

则铜-碳纳米管硅通孔的$|Im(\sigma_{eff})/Re(\sigma_{eff})|$值达到最小。碳纳米管硅通孔的$|Im(\sigma_{eff})/Re(\sigma_{eff})|$可简化为$\omega L_{CNT}/R_{CNT}$,即随频率的增大而线性增大。

8.3.3 铜-碳纳米管硅通孔的电特性分析

将铜-碳纳米管的等效复电导率代入式(7.11)~式(7.14),即可得到碳纳米管硅通孔对和铜-碳纳米管硅通孔对的频变电阻和电感参数,如图8.22所示。随着f_{CNT}的增大,碳纳米管硅通孔对的电阻减小,电感变化则与之相反,这将导致硅通孔对的传输性能恶化。通过引入铜导体构造铜-碳纳米管硅通孔,电阻和电感都随之降低,从图8.22中可以看到铜-碳纳米管硅通孔的电学性能与铜硅通孔比较接近。

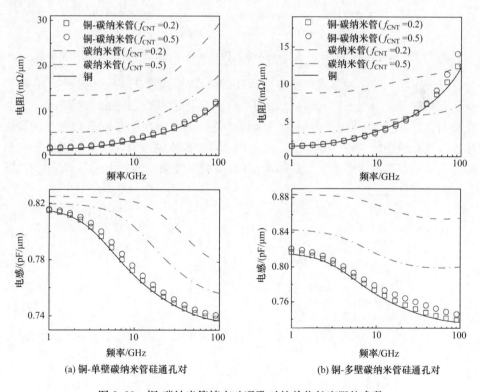

(a) 铜-单壁碳纳米管硅通孔对   (b) 铜-多壁碳纳米管硅通孔对

图8.22 铜-碳纳米管填充硅通孔对的单位长度阻抗参数

图8.22(b)中,多壁碳纳米管硅通孔的趋肤效应被明显抑制,这是因为多壁碳

纳米管中的动电感较大，而较大的电感将影响硅通孔的高频电学性能。此外，文献[25]提出碳纳米管动电感的测量值可达到理论值的 15 倍，即每个导电通道上的动电感 $L_{K/ch}$ 在 $8\sim120nH/\mu m$ 的范围内变化[26]。当动电感 $L_{K/ch}$ 从 $8nH/\mu m$ 增大至 $120nH/\mu m$ 时，多壁碳纳米管硅通孔中的趋肤效应被进一步抑制，但电感值急剧增大，如图 8.23 所示。相比于多壁碳纳米管硅通孔，铜-多壁碳纳米管硅通孔受碳纳米管动电感变化的影响不大。

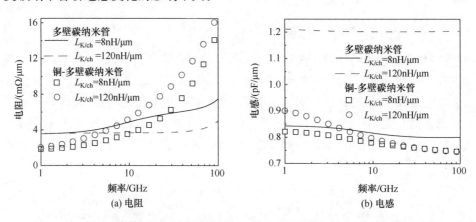

图 8.23　多壁碳纳米管硅通孔对和铜-多壁碳纳米管硅通孔对的单位长度阻抗参数

　　基于图 7.4 给出的等效电路模型，可以得到碳纳米管硅通孔对和铜-碳纳米管硅通孔对在 $L_{K/ch}$ 为 $8nH/\mu m$ 和 $120nH/\mu m$ 时的传输系数，如图 8.24 所示。当动电感增大时，受动电感影响多壁碳纳米管硅通孔的电学性能急剧恶化，而铜-碳纳米管硅通孔的性能几乎不受影响。这一发现对多壁碳纳米管在水平和竖直方向上的互连应用都具有重要意义。具体应用中，碳纳米管动电感可能远大于理论值，因

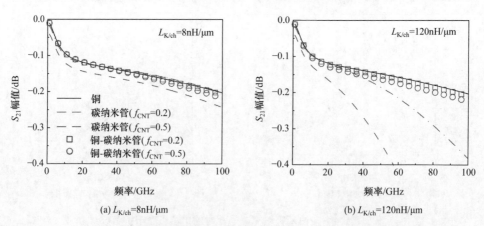

图 8.24　多壁碳纳米管和铜-多壁碳纳米管硅通孔对的传输系数

此碳纳米管互连线的高频性能会受到较大影响。这一问题可通过提高碳纳米管束密度来解决，但实际加工中仍难满足需求（目前碳纳米管束填充率最大仅为 0.2[27]）。另外也可采用本节所介绍的铜-碳纳米管混合材料构造互连线，研究表明，应用铜-碳纳米管混合互连线可极大提升信号传输的稳定性。

参 考 文 献

[1] Wang T, Chen S, Jiang D, et al. Through-silicon vias filled with densified and transferred carbon nanotube forests[J]. IEEE Electron Device Letters, 2012, 33(3): 420-422.

[2] Wang T, Jeppson K, Olofsson N, et al. Through silicon vias filled with planarized carbon nanotube bundles[J]. Nanotechnology, 2009, 20(48): 485203-1-485203-6.

[3] Xu C, Li H, Suaya R, et al. Compact AC modeling and performance analysis of through-silicon vias in 3-D ICs[J]. IEEE Transactions on Electron Devices, 2010, 57(10): 3405-3417.

[4] Zhao W S, Yin W Y, Guo Y X. Electromagnetic compatibility-oriented study on through silicon single-walled carbon nanotube bundle vias (TS-SWCNTBV) arrays[J]. IEEE Transactions on Electromagnetic Compatibility, 2012, 54(1): 149-157.

[5] Harutyunyan A R, Chen G, Paronyan T M, et al. Preferential growth of single-walled carbon nanotubes with metallic conductivity[J]. Science, 2009, 326(5949): 116-120.

[6] D'Amore M, Sarto M S, D'Aloia A G. Skin-effect modeling of carbon nanotube bundles: The high-frequency effective impedance[C]. Proceedings of the IEEE International Symposium on Electromagnetic Compatibility, Fort Lauderdale, 2010.

[7] Chiariello A G, Maffucci A, Miano G. Electrical modeling of carbon nanotube vias[J]. IEEE Transactions on Electromagnetic Compatibility, 2012, 54(1): 158-166.

[8] 赵文生. 三维集成电路中新型互连结构的建模方法与特性研究[D]. 杭州: 浙江大学, 2013.

[9] Qian L B, Zhu Z M, Xia Y S. Study on transmission characteristics of carbon nanotube through silicon via interconnects[J]. IEEE Microwave and Wireless Components Letters, 2014, 24(12): 830-832.

[10] Lau J H. Overview and outlook of through-silicon via (TSV) and 3D integration[J]. Microelectronics International, 2011, 28(2): 8-22.

[11] Zhao W S, Sun L, Yin W Y, et al. Electrothermal modelling and characterization of submicron through-silicon carbon nanotube bundle vias for three-dimensional ICs[J]. Micro & Nano Letters, 2014, 9(2): 123-126.

[12] Liu Y F, Zhao W S, Yong Z, et al. Electrical modeling of three-dimensional carbon-based heterogeneous interconnects[J]. IEEE Transactions on Nanotechnology, 2014, 13(3): 488-495.

[13] Sarkar D, Xu C, Li H, et al. High-frequency behavior of grapheme-based interconnects—Part Ⅰ: Impedance modeling[J]. IEEE Transactions on Electron Devices, 2011, 58(3):

843-852.

[14] Stellari F, Lacaita A L. New formulas of interconnect capacitances based on results of conformal mapping method[J]. IEEE Transactions on Electron Devices, 2000, 47(1):222-231.

[15] Chen E, Chou S Y. Characteristics of coplanar transmission lines on multilayer substrates: Modeling and experiments[J]. IEEE Transactions on Microwave Theory and Techniques, 1997, 45(6):939-945.

[16] Kim J, Park J S, Cho J, et al. High-frequency scalable electrical model and analysis of a through silicon via (TSV) [J]. IEEE Transactions on Components, Packaging and Manufacturing Technology, 2011, 1(2):181-195.

[17] Purewal M, Hong B, Ravi A, et al. Scaling of resistance and electron mean free path of single-walled carbon nanotubes [J]. Physical Review Letters, 2007, 98 (18): 186808-1-186808-4.

[18] Matsuda Y, Deng W, Goddard W. Contact resistance for 'end-contacted' metal-graphene and metal-nanotube interfaces from quantum mechanics[J]. Journal of Physical Chemistry C, 2010, 114(41):17845-17850.

[19] Khatami Y, Li H, Xu C, et al. Metal-to-multilayer grapheme contact-Part Ⅱ: Analysis of contact resistance[J]. IEEE Transactions on Electron Devices, 2012, 59(9):2453-2460.

[20] Li N, Mao J, Zhao W S, et al. Electrothermal characteristics of carbon-based through-silicon via (TSV) channel[C]. Proceedings of the IEEE EDAPS, Seoul, 2015.

[21] Li N, Mao J, Zhao W S, et al. Electrothermal cosimulation of 3-D carbon-based heterogeneous interconnects[J]. IEEE Transactions on Components, Packaging and Manufacturing Technology, 2016, 6(4):518-527.

[22] Chai Y, Chen P C H, Fu Y, et al. Electromigration studies of Cu/carbon nanotube composite interconnects using Blech structure [J]. IEEE Electron Device Letters, 2008, 29 (9): 1001-1003.

[23] Subramaniam C, Yamada T, Kobashi K, et al. One hundred fold increase in current carrying capacity in a carbon nanotube-copper composite[J]. Nature Communication, 2013, 4(2202): 1-7.

[24] Ying F, Susan L B. Fabrication and electrical performance of through silicon via interconnects filled with a copper/carbon nanotube composite[J]. Journal of Vacuum Science & Technology B, 2015, 33(2):022004-1-022004-7.

[25] Plombon J J, O'Brien K P, Gstrein F, et al. High-frequency electrical properties of individual and bundled carbon nanotubes [J]. Applied Physics Letters, 2007, 90 (6): 063106-1-063106-3.

[26] Ceyhan A, Naeemi A. Cu interconnect limitations and opportunities for SWNT interconnects at the end of the roadmap[J]. IEEE Transactions on Electron Devices, 2013, 60 (1): 374-382.

[27] Zhang G, Warner J H, Fouquet M, et al. Growth of ultrahigh density single-walled carbon nanotube forests by improved catalyst design[J]. ACS Nano, 2012, 6(4): 2893-2903.